U0241034

普通高等教育"十三五"规划教材

三维建模与工程制图
（CATIA V5 版）

主　编　胡庆夕　　何岚岚　　张海光

参　编　刘　利　　刘江丽　　李文彬

　　　　李　宏　　朱克华　　宋晨霞

　　　　杨　磊

机械工业出版社

本书是根据教育部印发的《画法几何及机械制图课程教学基本要求》和相关国家标准编写而成的。本书以实用为宗旨，以案例为导向，强化动手，强调制图，体现系统性、层次性，注重人才工程设计能力和创新素质的综合培养，具有较强的实用价值。

　　本书分为 3 大部分，分别为工程图基本知识、零件工程图和装配工程图，共九章。各章均附有对应的不同类型的习题。本书首先讲解了工程图基本知识和 CATIA 工程制图基础，然后通过经典案例详细介绍了 CATIA 的草图绘制、三维建模与零件工程图、三维装配与装配工程图的绘制方法。

　　本书可作为普通高等院校机械类及近机械类各相关专业学生工程制图的教材，也可作为工程技术人员学习工程制图的参考用书。

图书在版编目（CIP）数据

三维建模与工程制图：CATIA V5 版/胡庆夕，何岚岚，张海光主编. —北京：机械工业出版社，2018.10（2024.2 重印）

普通高等教育"十三五"规划教材

ISBN 978-7-111-61358-9

Ⅰ.①三… Ⅱ.①胡… ②何… ③张… Ⅲ.①工程制图-计算机辅助设计-应用软件-高等学校-教材 Ⅳ.①TB237

中国版本图书馆 CIP 数据核字（2018）第 259858 号

机械工业出版社（北京市百万庄大街 22 号 邮政编码 100037）
策划编辑：丁昕祯 责任编辑：丁昕祯 章承林 李 超 王小东
责任校对：张 薇 封面设计：张 静
责任印制：郜 敏
北京富资园科技发展有限公司印刷
2024 年 2 月第 1 版第 3 次印刷
184mm×260mm · 14.25 印张 · 346 千字
标准书号：ISBN 978-7-111-61358-9
定价：36.00 元

电话服务 网络服务
客服电话：010-88361066 机 工 官 网：www.cmpbook.com
　　　　　010-88379833 机 工 官 博：weibo.com/cmp1952
　　　　　010-68326294 金 书 网：www.golden-book.com
封底无防伪标均为盗版 机工教育服务网：www.cmpedu.com

前　言

本书是根据教育部印发的《画法几何及机械制图课程教学基本要求》和相关国家标准编写而成的。

工程制图是高等学校工科学生的一门重要的专业基础必修课，工程图是工程技术人员必须掌握的工程语言，也是工程领域指导生产的重要技术文件。正确和规范地绘图以及读图，是工程技术人员必备的基本素质，尤其是产品创意、创新想法都要通过绘图来表达和实现。随着国内外三维 CAD/CAM 技术的广泛应用，以及"中国制造"迈向"中国创造"，工程制图不能一直停留在传统的手工制图层面，因此对传统的工程制图教学内容和方法的改革刻不容缓。

20 世纪 90 年代，国家提出"甩图板"工程，主要是指直接绘制工程图，但并没有将三维设计与工程制图紧密结合，不是从三维设计到工程制图，不能实现产品的仿真分析，不能满足产品创新设计的要求。本书将首次采用"甩图板"的工程制图理念，以教育部工程训练综合能力大赛中的无碳小车经典案例为对象，将法国达索系统的国际著名三维 CAD/CAM/CAE 软件 CATIA（Computer-graphics Aided Three-dimensional Interactive Application）的先进设计理念贯穿在当代的工程制图里，注重设计的实用性，从工程图概念入手，采用 CATIA 软件进行对象的草图设计、三维零件设计、三维装配设计，以及零件工程图和装配工程图绘制等，涵盖轴套类零件、盘类零件，以及螺纹连接件、轴承、齿轮、弹簧等大部分典型机械零件类型。通过无碳小车项目将工程图学、三维建模与装配以及二维工程图的绘制有机关联起来，真正做到三维建模贯穿于整个工程制图过程中，通过从三维设计到工程制图以及习题和案例，培养工科设计者的现代创新设计思路和理念，建立机械设计与机械制造基本工艺的相互关系，培养工程设计与制图能力，为工科学生学习机械制造的后续专业知识奠定基础。

本书分为 3 大部分，分别为工程图基本知识、零件工程图和装配工程图，共九章。各章均附有对应的不同类型的习题。本书首先讲解了工程图基本知识和 CATIA 工程制图基础，然后通过经典案例详细介绍了 CATIA 的草图绘制、三维建模与零件工程图、三维装配与装配工程图的绘制方法。

本书由上海大学工程训练国家级实验教学示范中心、法国达索系统学术认证合作伙伴（ACP）和教育合作伙伴（EPP），以及达索系统教育认证考试中心（ECTC）联合编写，由胡庆夕、何岚岚、张海光任主编，参加本书编写的还有刘利、刘江丽、李文彬、李宏、朱克华、宋晨霞、杨磊。本书主要编写人员不仅具有多年 CATIA 软件的教学经验，而且是中国首批获得达索官方认证证书的教师，其中多名教师在教育部工程训练综合能力大赛上多次获得大奖，还有一些是积累了几十年丰富制造经验和实际加工经验的一线教师。

本书在编写过程中，引用了部分科技文献与资料，在此谨向有关作者致以深深的谢意。

由于三维建模与工程制图涉及机械设计与机械制造等多方面知识，限于作者水平，书中内容难免有不妥与错误之处，敬请读者批评指正。

编　者

目　录

第3部分　装配工程图

第 1 部分

工程图基本知识

第 1 章

工程制图基本知识

1.1 图框和标题栏

技术图样是工程技术界的共同语言，为了便于指导生产和对外进行技术交流，国家标准对技术图样上的有关内容做出了统一的规定，每个从事技术工作的人员都必须掌握并遵守。国家标准（简称"国标"）的代号为"GB"。

1.1.1 图纸幅面及格式

图纸上必须用粗实线画出图框，格式分留装订边和不留装订边两种，但同一产品的图样只能采用一种格式。常用图纸幅面及格式如图 1-1 所示。

幅面代号	A0	A1	A2	A3	A4
$B \times L$	841×1189	594×841	420×594	297×420	210×297
a	25				
c		10		5	
e		20		10	

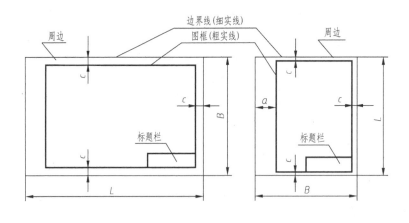

a)

图 1-1　图纸幅面及格式

a）留装订边图纸格式

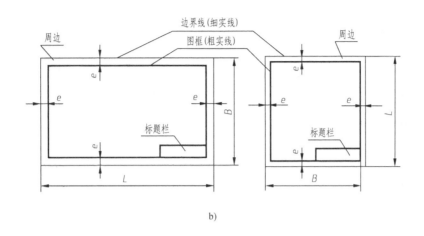

b)

图 1-1 图纸幅面及格式（续）

b）不留装订边图纸格式

1.1.2 标题栏及格式

标题栏应位于图纸的右下角，一般由名称及代号区、签字区、更改区及其他区组成，如图 1-2 所示。

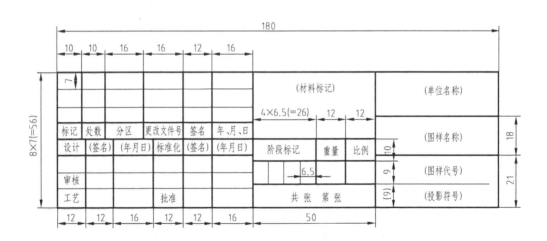

图 1-2 标题栏格式

1.1.3 明细栏及格式

装配图中一般还应有明细栏，应配置在标题栏的上方，按照由下而上的顺序填写，格数视需要而定。若往上延伸位置不够时，可紧靠标题栏左边再自下而上延续。明细栏一般由序号、代号、名称、数量、材料、重量等组成，也可按实际需要增减，如图 1-3 所示。

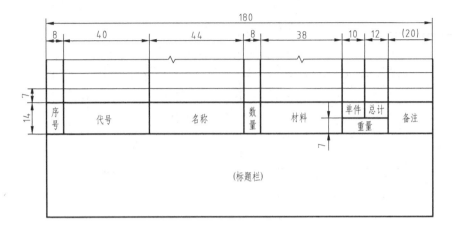

图 1-3　明细栏格式

1.2　视图

1.2.1　六个基本视图

1）主视图——从前向后投射。

2）后视图——从后向前投射。

3）左视图——从左向右投射。

4）右视图——从右向左投射。

5）仰视图——从下向上投射。

6）俯视图——从上向下投射。

六个基本视图的位置关系如图1-4所示。

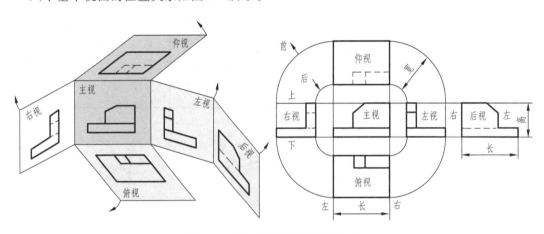

图 1-4　六个基本视图的位置关系

注意：基本视图遵守"三等"（等长、等宽、等高）规律。

1.2.2 向视图

向视图是根据需要可以自由配置的视图，如图1-5所示。

注意：

1）在向视图的上方标注字母，在相应视图附近用箭头指明投射方向，并标注相同的字母。

2）表示投射方向的箭头尽可能配置在主视图上，只有表示后视投射方向的箭头才配置在其他视图上。

1.2.3 局部视图

局部视图是将物体的某一部分向基本投影面投射所得的视图，如图1-6所示。

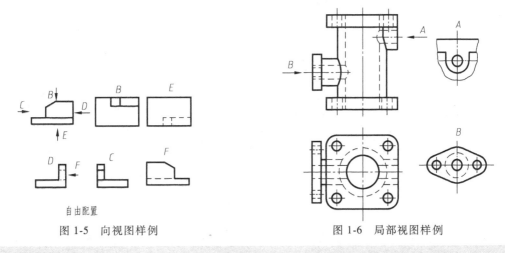

图1-5 向视图样例   图1-6 局部视图样例

注意：

1）用带字母的箭头指明要表达的部位和投射方向，并注明视图名称。

2）局部视图的范围用波浪线表示，但是当表示的局部结构是完整的且外轮廓封闭时，波浪线可省略。

3）局部视图可按基本视图的配置形式配置，也可按向视图的配置形式配置。

1.2.4 剖视图

当机件的内部形状较复杂时，视图上将出现许多虚线，不便于看图和标注尺寸，假想用一剖切面将机件剖开，移去剖切面和观察者之间的部分，将其余部分向投影面投射，并在剖面区域内画上剖面符号，如图1-7所示。

注意：

1）剖切平面的选择：通过机件的对称面或轴线且平行或垂直于投影面。

2）剖切是一种假想，其他视图仍应完整画出，如图1-8a所示。

3）剖切面后方的可见部分要全部画出，如图1-8b所示。

4）在剖视图上已经表达清楚的结构，在其他视图上此部分结构的投影为虚线时，其虚线省略不画，如图1-9所示。

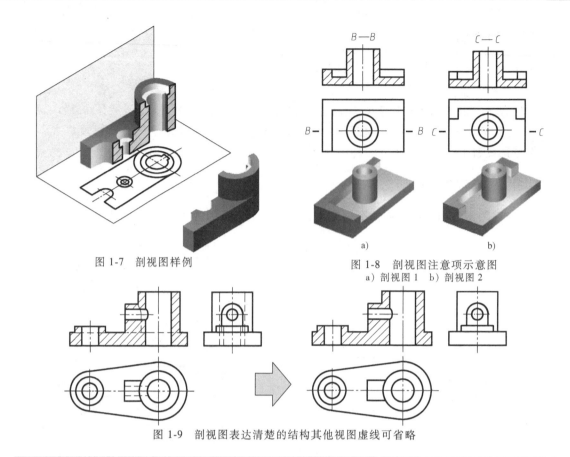

图 1-7　剖视图样例

图 1-8　剖视图注意项示意图
a）剖视图 1　b）剖视图 2

图 1-9　剖视图表达清楚的结构其他视图虚线可省略

5）不需在剖面区域中表示材料的类别时，剖面符号可采用通用剖面线表示。通用剖面线为细实线，最好与图形的主要轮廓或剖面区域的对称线成45°角；同一物体的各个剖面区域，其剖面线画法应一致，如图1-10所示。

图 1-10　剖面线绘制要求

剖视图的分类：

（1）全剖视图　用剖切面完全地剖开物体所得的剖视图，适用于外形较简单、内形较复杂，而图形又不对称时，如图1-11所示。

（2）半剖视图　以对称线为界，一半画视图，一半画剖视。适用于内、外形都需要表达，而形状又对称或基本对称时，如图1-12所示。

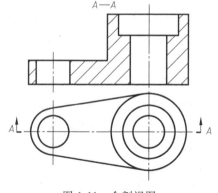

图 1-11　全剖视图

（3）局部剖视图 用剖切平面局部地剖开物体所得的剖视图。

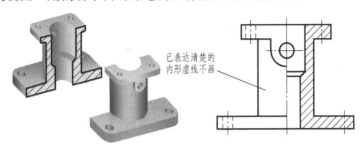

已表达清楚的
内形虚线不画

图 1-12 半剖视图

注意：

1）可以用双折线或者波浪线，如图 1-13 所示。

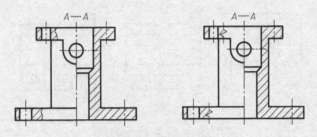

图 1-13 局部剖剖切线形式

2）波浪线不能与图上的其他图线重合，如图 1-14 所示。

3）当被剖结构为回转体时，允许将其中心线作为局部剖的分界线，如图 1-15 所示。

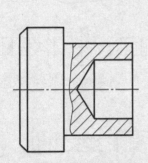

图 1-14 波浪线不能与其他图线重合

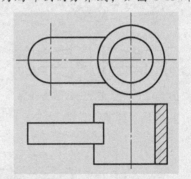

图 1-15 回转体中心线可作为剖切线

（4）旋转剖视图 当机件的内部结构形状用一个剖切平面剖切不能表达完全，且机件又具有回转轴时，适合使用旋转剖视图画法，如图 1-16 所示。

注意：

1）应按"先剖切后旋转"的方法绘制剖视图，如图 1-17 所示。

2）位于剖切平面后且与所表达的结构关系不甚密切的结构，或一起旋转容易引起误解的结构，一般仍按原来的位置投射，如图 1-18 所示。

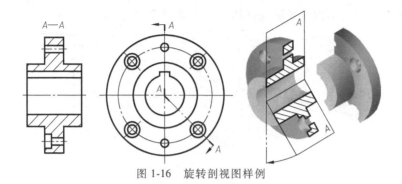

图 1-16　旋转剖视图样例

3）位于剖切平面后，与被剖切结构有直接联系且密切相关的结构，或不一起旋转难以表达的结构，应"先旋转后投影"，如图 1-19 所示。

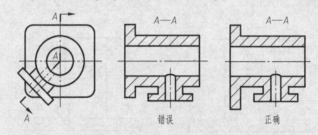

图 1-17　先剖切后旋转

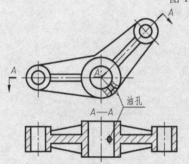 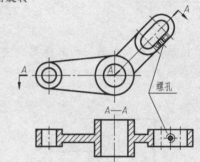

图 1-18　按原位投影的结构样例　　　　图 1-19　先旋转后投影的结构样例

4）当剖切后产生不完整要素时，该部分按不剖绘制，如图 1-20 所示。

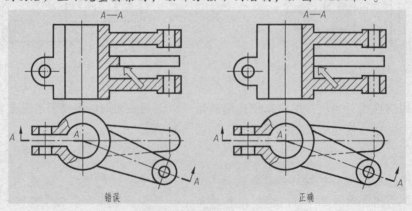

图 1-20　不剖结构样例

1.2.5 断面图

假想用剖切面将物体的某处切断，只画出该剖切面与物体接触部分（剖面区域）的图形，该图形即为断面图，如图 1-21 所示。

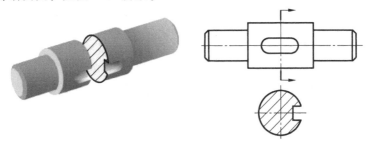

图 1-21 断面图样例

注意（图 1-22）：

1）配置在剖切符号延长线上的不对称的移出断面，或按投影关系配置的对称的移出断面，可省略字母。

2）配置在其他位置的对称的移出断面图，可省略箭头。

3）配置在剖切线的延长线上的对称的移出断面，可省略标注。

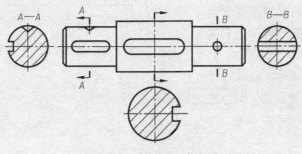

图 1-22 断面图注意事项

1.2.6 折断视图

轴、杆类较长的机件，当沿长度方向形状相同或按一定规律变化时，允许断开画出，如图 1-23 所示。

1.2.7 局部放大视图

当机件上部分结构的图形过小时，可以采用局部放大比例画出，这种视图称为局部放大视图，如图 1-24 所示。

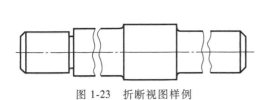

图 1-23 折断视图样例　　　　图 1-24 局部放大视图样例

1.3 标注

1.3.1 尺寸

（1）形状尺寸　反映机件真实大小。

（2）位置尺寸　反映某一对象相对基准或者多个对象相互之间所处位置。如图 1-25 所示，$R3$、$R7$、$\phi7$ 等为形状尺寸，32、52、44 为位置尺寸。

1.3.2 公差（尺寸公差和几何公差）

（1）尺寸公差　为了保证零件的互换性，设计时根据零件的使用要求而制定的允许尺寸的变动量。

（2）几何公差　为了满足使用要求，零件的几何形状和相对位置分别由形状公差和位置公差来保证。其中形状公差是实际要素相对理想要素形状允许的变动量，位置公差是关联实际要素的位置相对基准的变动量。

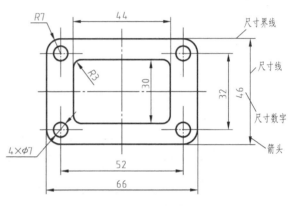

图 1-25　尺寸标注

如图 1-26 所示，$\phi72_{-0.340}^{0}$ 是尺寸公差，$\boxed{\perp\ |\ 0.025\ |\ A}$ 是位置公差，$\boxed{\odot\ |\ \phi0.1\ |\ A}$ 是形状公差。

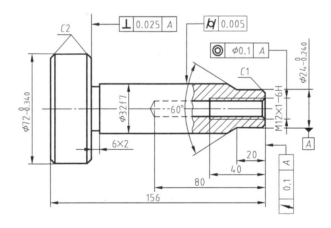

图 1-26　公差标注

1.3.3 表面粗糙度

零件加工表面是由波峰、波谷组成的微观几何形状，可用表面粗糙度来表示，其表示方式如图 1-27 所示。

a)　　　　　　　　　b)

图 1-27　表面粗糙度表示形式
a）旧标准　b）新标准

1.3.4 基准

基准分为长度基准、宽度基准、高度基准，其中长度和高度基准在主视图上标注，宽度基准在左视图或俯视图上标注。基准可以是面（对称面、底面、端面等）、线（回转轴线、中心线等）或点（图1-28），标注形式如图1-29所示。

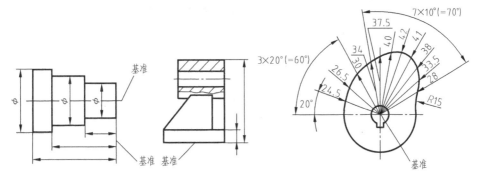

图1-28 基准示例

根据作用不同，基准可分为两类：设计基准和工艺基准。

（1）设计基准 根据零件的结构特点及设计要求所选定的基准，如图1-30a所示。

（2）工艺基准 根据零件在加工、测量和检验等方面的要求所选定的基准，又可分为定位基准（图1-30b）和测量基准（图1-30c）。

图1-29 基准标注形式

a）旧标准 b）新标准

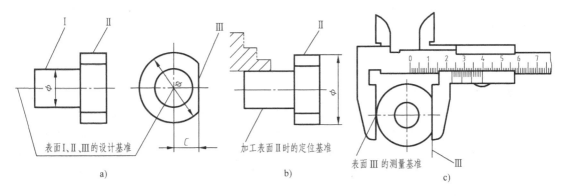

图1-30 基准分类

a）设计基准 b）定位基准 c）测量基准

1.3.5 注释文本（技术要求）

注释文本用于对热处理、未注公差、装配、铸造、焊接等要求进行文字性说明。

第 2 章

CATIA软件与工程制图基础

2.1 CATIA 简介

CATIA（Computer-graphics Aided Three-dimensional Interactive Application）是法国达索公司于 1975 年起发展的一套完整的三维 CAD/CAM/CAE 软件，经过几十年的发展，其内容涵盖了产品从概念设计、三维建模、分析计算、工程图的生成到生产加工成产品的全过程，并具有统一的用户界面、数据管理和应用程序接口，其功能强大、完全，因此几乎已经成为三维 CAD/CAM 领域的一面旗帜和争相遵从的标准，特别在航空航天、汽车船舶等领域一直居于统治地位，如波音 777 客机的无纸化设计就是 CATIA 在 CAD 领域创造的一个神话，此外 3M、ABB、中国商用飞机有限责任公司等都是 CATIA 的用户。

CATIA 主要由基础结构模块、机械设计模块、曲面造型模块、分析模块、NC 加工模块、人机工程设计和分析模块等组成，本教材所用到的零件设计、装配设计和工程制图等工作台均属于机械设计模块，简述如下：

1）CATIA 零件设计是进行机械零件的三维精确设计的工作台，界面直观易懂，操作丰富灵活。它采用基于特征的设计方法，提供了丰富的布尔运算操作，可以快速生成各种复杂几何形状的零件三维模型，极大地提高了零件设计的工作效率。

2）CATIA 装配设计是高效管理装配的工作台，它提供了在装配环境中可由用户控制关联关系的设计能力，可通过使用自顶向下和自底向上的方法管理装配层次，可真正实现装配设计和单个零件设计之间的并行工程。

3）CATIA 工程制图是从三维零件或装配体生成相关联的二维图样。该工作台兼具交互式绘图和创成式工程绘图功能，因此高效、快捷。创成式工程绘图可以很方便地从三维零件和装配体生成相关联的工程图样，包括各种视图的生成、尺寸的自动标注或手动标注、生成装配体明细表等。交互式工程绘图以高效、直观的方式进行产品的二维设计，可以很方便地生成 DXF 和 DWG 等格式的文件。

上述三个工作台是进行机械创新设计和工程制图的基础平台，也是常用工作台，在使用过程中，工作台之间可以自由切换，体现 CATIA 软件的集成化和特征建模的数据化关联性强等优点。

2.2 CATIA 工程制图流程

CATIA 可以直接从零开始交互式绘制二维工程图，但是在实际应用中一般是根据三维模型进行二维工程制图，一般流程如下：

　　首先进行零件设计或装配体设计，然后生成工程图文档，包括生成视图、添加图框标题栏以及各种尺寸标注和注释等。这是创成式二维工程制图的流程，也是目前主要的 CATIA 制图流程。通过创成式完成的工程图与三维模型具有一定的关联性，因此零件和装配修改时，工程图会自动更新，以确保图样和模型的一致性，同时提高效率。CATIA 制图流程如图 2-1 所示：根据草图进行零件建模，然后进行装配设计（过程可逆并可反复进行），最后从三维零件或装配件生成相关联的二维工程图。而在进行后期设计检查和修改的同时，工程图可自动更新，使得设计更改可高效进行，十分直观、快捷。

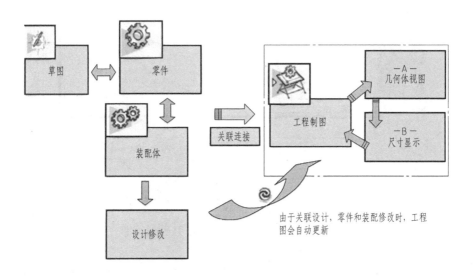

图 2-1　CATIA 制图流程

2.3　CATIA 工程制图工作台简介

1. 工程制图工作台窗口组成

　　CATIA 工程制图工作台主要由标题栏、菜单栏、工具栏、提示栏、结构树及绘图区等部分组成，如图 2-2 所示。CATIA 的基本界面区域跟工程制图分布类似，只是内容会随工作台的变化而变化，如操作工具栏和通用工具栏根据工作台的不同呈现出不同的工具条内容。

2. 常用工具条

　　CATIA 工程制图常用到的工具条有"视图""尺寸标注""生成""标注""修饰"和"工程图"，具体如下：

　　（1）"视图"工具条　可创建各类视图，该工具条包含"投影""截面""详细信息""裁剪""断开视图"和"向导"各个子工具条，如图 2-3 所示。

　　（2）"尺寸标注"工具条　手动添加尺寸标注或公差标注，该工具条包含"尺寸""技术特征尺寸""尺寸编辑"和"公差"各个子工具条，如图 2-4 所示。

　　（3）"生成"工具条　可自动生成尺寸、零件序号和材料清单，该工具条包含"尺寸生成"子工具条，如图 2-5 所示。

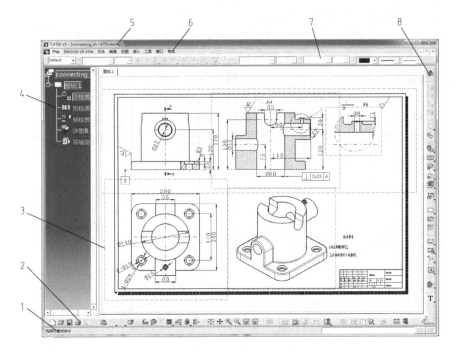

图 2-2　CATIA 工程制图工作台组成

1—提示栏　2—通用工具栏　3—绘图区　4—结构树　5—标题栏　6—菜单栏　7—属性工具条　8—操作工具栏

　　（4）"标注"工具条　可添加文本、符号、表格和引导线，该工具条包含"文本""符号"和"表格"子工具条，如图 2-6 所示。

　　（5）"修饰"工具条　创建各类轴线、中心线、螺纹、区域填充、箭头等修饰，该工具条包含"轴和螺纹""区域填充"子工具条，如图 2-7 所示。

　　（6）"工程图"工具条　添加图纸标题栏、装配图物料清单等，该工具条包含"物料清单"子工具条，如图 2-8 所示。

图 2-3　"视图"工具条

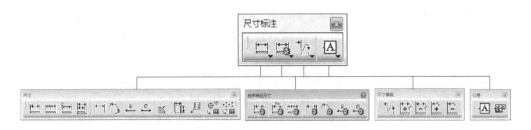

图 2-4　"尺寸标注"工具条

图 2-5　"生成"工具条

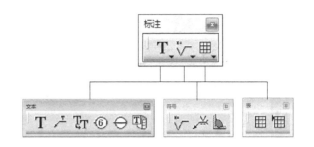

图 2-6　"标注"工具条

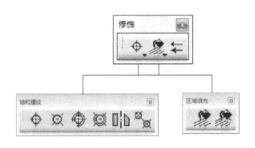

图 2-7　"修饰"工具条

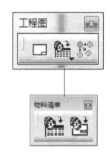

图 2-8　"工程图"工具条

2.4　GB 工程图环境设置

1. 制图标准的配置

国际上具有代表性的制图标准主要有：

1）ANSI：美国国家标准化组织标准。

2）ASME：美国机械工程师协会标准。

3）ISO：国际标准化组织标准。

4）JIS：日本工业标准。

5）GB：中国国家标准。

　　注意：默认安装的 CATIA 系统中不存在 GB，需要进行配置，具体配置方法如下：

　　1）将 "GB.xml" 文件复制到 CATIA 安装目录下的标准文件夹中，即如果 CATIA 安装在 C 盘的系统文件夹下，则具体路径为 C：\Program Files\Dassault Systems\B20\intel_ a \resources\standard\drafting。

　　2）在 "工具" | "选项" | "常规" | "兼容性" 下，选择 "IGES 2D" 选项卡，在 "标准" 区域选择 "GB"，如图 2-9 所示。

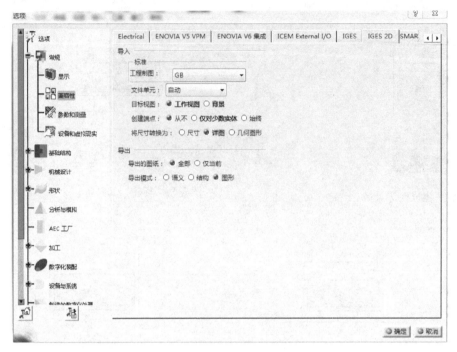

图 2-9　配置 GB

2. 设置视图布局

在"工具"|"选项"|"机械设计"|"工程制图"下，选择"布局"选项卡，取消选中"视图名称"和"缩放系数"复选框（图 2-10），则 CATIA 工程绘图时，其视图名称和比例不会显示在图纸下方，符合 GB。

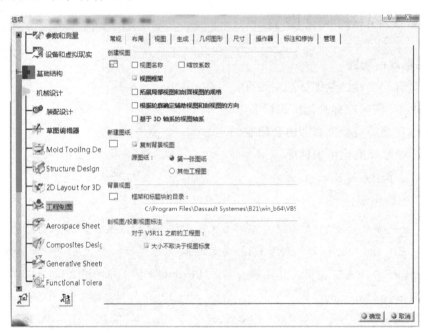

图 2-10　设置视图布局

3. 设置视图生成内容

在"工具"|"选项"|"机械设计"|"工程制图"下，选择"视图"选项卡（图2-11），选中"生成轴""生成螺纹""生成中心线""生成圆角""应用3D规格"五个复选框，则创建视图的时候可自动生成螺纹、中心线及圆角等。

图2-11　设置视图生成内容

4. 设置尺寸生成模式

在"工具"|"选项"|"机械设计"|"工程制图"下，选择"生成"选项卡，选中"生成前过滤"和"生成后分析"复选框（图2-12），表明在自动生成尺寸前可过滤掉不需要的尺寸，并生成尺寸后分析。

图2-12　设置尺寸生成模式

2.5 新建工程图

1. 新建 Drawing 文件

在菜单栏中选择"文件"|"新建"，则弹出"新建"对话框（图 2-13a），选择"Drawing"类型，单击"确定"按钮，弹出"新建工程图"对话框（图 2-13b），可选择制图标准和图纸样式。

a)

b)

图 2-13 新建图纸

a）新建工程图　b）设置制图标准和图纸样式

2. 选择制图标准和图纸样式

1）在"标准"下拉列表中选择制图标准，如"GB"。

2）在"图纸样式"下拉列表中选择图纸幅面，如"A1 ISO"。

3）选择图纸方向，如"横向"，通常 A0、A1、A2 和 A3 多选择横向，A4 多选择纵向。

4）单击"确定"按钮完成设置。

3. 设置图纸属性

在结构树中选中该图纸的名称，右击，选择"属性"，弹出"属性"对话框（图 2-14），可以设置图纸名称、比例、格式、投影方向等。

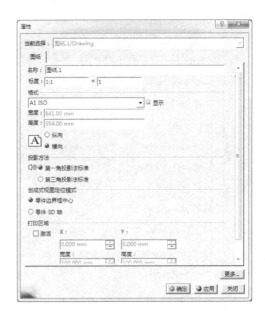

图 2-14 设置图纸属性

2.6　工作视图界面和图纸背景界面转换

进入工程图工作台后默认为"工作视图"界面（图 2-15a），在菜单栏中选择"编辑"|"图纸背景"（图 2-15b），可将"工作视图"界面转换为"图纸背景"界面（图 2-15c），反之也可以切换回"工作视图"界面，图框和标题栏及明细栏需要在"图纸背景"界面下设置，而生成视图、标注、注释等在"工作视图"界面中进行。

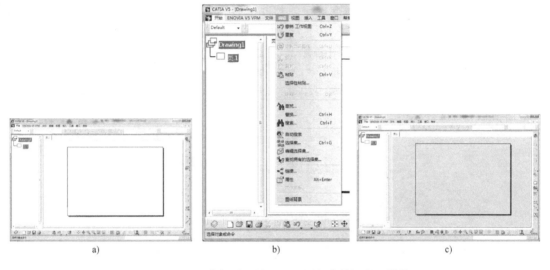

a)　　　　　　　　　　　b)　　　　　　　　　　　c)

图 2-15　"工作视图"界面和"图纸背景"界面转换

a)"工作视图"界面　b）切换　c)"图纸背景"界面

2.7　图框及标题栏设置

在"图纸背景"界面下，设置图框及创建标题栏一般有两种方法。

1. 调用已有的图框及标题栏

单击"工程图"工具条中的"框架及标题节点"图标 ，弹出"管理框架和标题块"对话框（图 2-16），在"标题块的样式"下拉列表中可以选择需要的类型，在"指令"栏中选择"创建"，单击"应用"按钮，再单击"确定"按钮，即可调用所选样式的图框和标题栏。

如果有设计好的图框及标题栏样本文件（文件扩展名为 CATScript），则可以调用该类型图框及标题栏，方法如下：

1）将"GB_Titleblock.CATScript"文件复制到 CATIA 安装路径"\intel_a\VB-Script\

图 2-16　调用已有图框和标题栏样式

FrameTitleBlock"下。

2）选择菜单栏中的"编辑"|"图纸背景"进入"图纸背景"界面。

3）单击"工程图"工具条中的"框架及标题节点"图标 □。

4）在"标题块的样式"下，存在"GB_ Titleblock"类型的图框和标题栏，选中"GB_ Titleblock"，在"指令"列表框中选择"创建"选项，单击"确定"按钮。

2．创建标题栏

CATIA 创建标题栏有两种方式。

（1）手动绘制标题栏 按照标准规定的尺寸绘制图框线，以国标规定为例，绘制过程如下：

1）选择菜单栏中的"编辑"|"图纸背景"，进入"图纸背景"界面。

2）选择菜单栏中的"插入"|"标注"|"表"|"表"（图 2-17a），弹出"表编辑器"对话框（图 2-17b），将"列数"和"行数"分别设置为 16 和 11，单击"确定"按钮，即插入一张 16 列、11 行的表格。

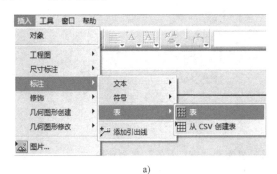

a)   b)

图 2-17　插入表格

a）插入表格　b）表编辑器

3）编辑表格。

① 设置字号：选中表格，右击，在弹出的快捷菜单栏中选择"属性"，弹出"属性"对话框（图 2-18），在"字体"选项卡中将大小改为 0.2，即设置文本"大小"为 0.2（暂时设小以便调整行高和列宽），单击"确定"按钮。

② 调整行高：双击表格激活，当光标置于每行首尾变成向右箭头时，右击，在快捷菜单栏中选择"大小/设置大小"，弹出"大小"对话框（图 2-19），设置行高为 7mm 后，单击"应用"按钮，并单击"确定"按钮；按照相同的方法将该 11 行表格的行高从上到下分别设置为 7mm、7mm、4mm、3mm、7mm、7mm、3mm、4mm、5mm、2mm、7mm。

③ 调整列宽：双击表格激活，当光标置于每列首尾变成空心箭头时，右击，在快捷菜单栏中选择"大小/设置大小"，设置列宽值，按相同方法将 16 列的列宽值从左到右分别设置为 10mm、2mm、8mm、4mm、12mm、4mm、12mm、12mm、16mm、6.5mm、6.5mm、6.5mm、6.5mm、12mm、12mm、50mm。

④ 合并单元格：双击表格激活，将光标移动到要合并的单元格起始位置，当光标变成"十"字状时按住左键拖动至结束位置，右击，在快捷菜单栏中选择"合并"，则可按需合并单元格，合并后最终结果如图 2-20 所示。

图 2-18　"属性"对话框

图 2-19　"大小"对话框

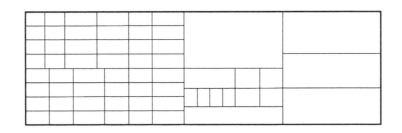

图 2-20　依据标题栏样式编辑表格

⑤ 调整字号和格式：按"设置字号"步骤，将字体大小调整为 2.5mm；并在"文本"选项卡"定位点"选项中选择"中间居中"；在"对齐"下拉列表中选择"居中"；在"定位模式"下拉列表中选择"顶部线或底部线"；在"行间距模式"下拉列表中选择"底部到顶部"，如图 2-21 所示。

⑥ 输入内容：双击表格激活，将光标移到需要添加内容处，当光标变为"十"字状时，双击该单元格，弹出"文本编辑器"对话框，在文本框中输入内容，单击"确定"按钮，按照图 1-2 所示的 GB 标题栏将所有文本输入完毕。

图 2-21　"属性"对话框

（2）插入标题栏　在菜单栏中选择"文件"|"页面设置"，弹出"页面设置"对话框（图 2-22a），单击"Insert Background View"按钮，弹出"将元素插入图纸"对话框（图 2-22b），单击"浏览"按钮，选择已有模板（.CATDrawing）；单击"插入"按钮，再单击"确定"按钮，获得标题栏（图 2-22c）。

a)

b)

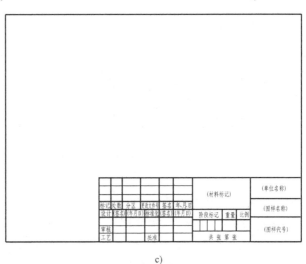

c)

图 2-22　插入 GB 标题栏

a）页面设置　b）插入背景视图　c）标题栏创建

2.8　创建视图

1.基本视图

（1）主视图（正视图）

1）打开零件"connecting _ base. CATpart"，如图 2-23 所示。

2）新建工程图文件，制图标准选择 GB，图纸样式选择 "A1 ISO"。

3）单击"投影"工具条下的"正视图"图标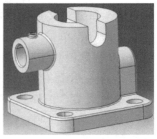，切换

图 2-23　打开零件

至零件窗口，选择投影平面（此处选择 *YZ* 平面），系统自动返回到工程图窗口，并通过右上角的罗盘调整投影方向，在图纸上单击放置视图，完成创建，如图 2-24 所示。

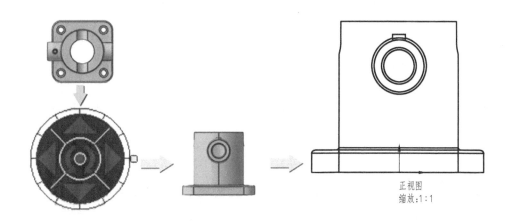

图 2-24　创建正视图

（2）投影视图　在有正视图的基础上，创建仰视图、俯视图、左视图和右视图，单击"投影"工具条下的"投影视图"图标 ，放置在正视图的哪个位置就生成相应的投影视图。如图 2-25 所示，分别生成了左视图和俯视图。

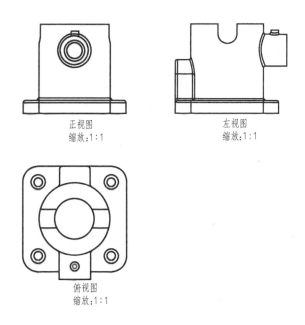

图 2-25　创建投影视图

2. 视图的移动、锁定、删除

（1）移动视图　调整视图位置、间距。

将光标放在视图框架上变成手形，按住左键进行移动。当基本视图通过"投影视图"

产生时，默认的位置关系是根据参考视图（即主视图）确定的，因此左视图或右视图只能左右移动，俯视图或仰视图只能上下移动，而移动主视图时其他投影视图随动，移动投影视图时主视图不动。在绘图时，一般都是根据参考视图定位。

（2）锁定视图　使得视图不能进行编辑，但是仍然可以移动。

在结构树中选定需要锁定的视图，右击，在弹出的快捷菜单栏中选择"属性"，弹出"属性"对话框（图2-26），勾选"锁定视图"复选框，再单击"确定"按钮，将该视图锁定。

（3）删除视图　将某个视图删除。选中某视图，直接按键盘上的<Delete>键，删除该视图。

3. 轴测图

为了读图方便，可从立体角度观察零件。

单击"投影"工具条下的"等轴测视图"图标 ⬚，切换至零件模型窗口，选取投影平面，利用罗盘调整方向，单击"确定"按钮，完成轴测图创建，如图2-27所示。

图2-26　锁定视图

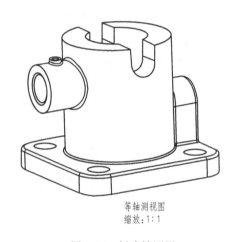

等轴测视图
缩放：1：1

图2-27　创建轴测图

4. 剖视图

（1）全剖视图　用剖切面完全剖开零件。首先激活需要剖的视图，单击"截面"工具条下的"偏移剖视图"图标 ⬚⬚，绘制剖切线，双击结束剖切，单击剖视图放置的位置，完成全剖视图的创建，如图2-28所示。双击剖面线可以改变剖面线的属性。

（2）局部剖视图　利用剖切面局部地剖开零件所得到的剖视图。首先，双击需要剖切的视图，激活该视图，选择"断开视图"工具条下的"剖面视图"图标 ⬚，绘制剖切范围，定义剖切平面，如图2-29所示。

（3）阶梯剖视图　与全剖视图本质一致，差别在于剖切面是偏距截面。

1）打开"stepped_ cutting_ view. CATDrawing"。

2）激活正视图。

3）单击"截面"工具条下的"偏移剖视图"图标 ⬚⬚，绘制剖切线，双击结束，在绘

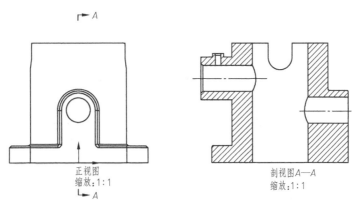

图 2-28　创建全剖视图

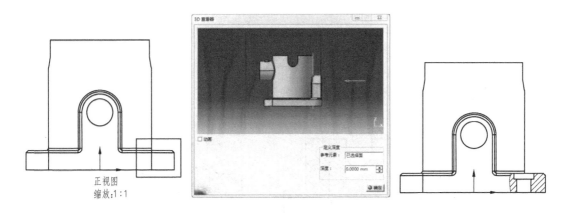

图 2-29　创建局部剖视图

图区合适的位置单击放置阶梯剖视图，如图 2-30 所示。

（4）旋转剖视图　显示绕某一根轴展开区域的截面视图，多用于旋转体多孔结构的零件剖切。

1）打开" revolved ＿ cutting ＿ view. CATDrawing"。

2）激活正视图。

3）单击"截面"工具条下的"对齐剖视图"图标 ，绘制剖切线，双击结束，在绘图区合适的位置单击放置旋转剖视图，如图 2-31 所示。

（5）局部放大视图　将零件的部分结构用大于原图所采用的比例画出的图形。

单击"详细信息"工具条下的"详细视图"图标 ，选择局部放大的区域，

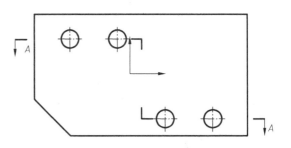

剖视图A—A
缩放:1:1

图 2-30　创建阶梯剖视图

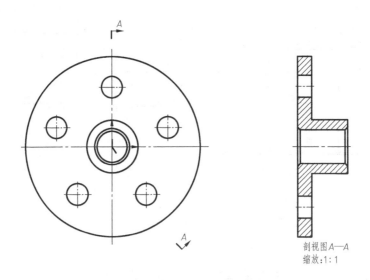

图 2-31　创建旋转剖视图

在绘图区合适的位置单击放置该局部放大图，如图 2-32 所示。

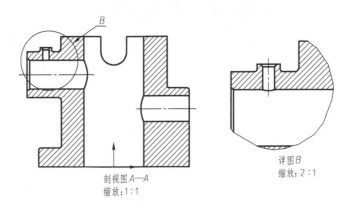

图 2-32　创建局部放大视图

（6）折断视图　对于一些较长且形状没有变化的零件，为了节省图纸幅面，可以采用折断视图，即删除所选两点之间的部分。

1）打开"break. CATDrawing"。

2）激活正视图。

3）单击"断开视图"工具条下的"折断视图"图标🔲，单击选择折断起点（注意虚实线的切换可以改变折断线形式），再单击选择终止点，最后在图纸任意位置单击结束折断视图创建，如图 2-33 所示。

（7）断面图　用于只表达零件断面的场合。

1）打开"break. CATDrawing"。

2）激活正视图。

3）单击"截面"工具条下的"偏移截面分割"图标🔲🔲，绘制剖切线，双击结束，在

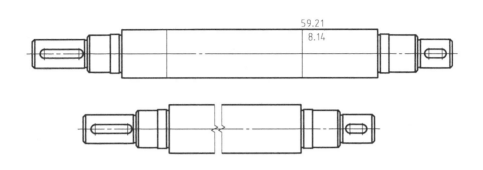

图2-33　创建折断视图

绘图区合适的位置单击放置断面图,如图2-34所示。

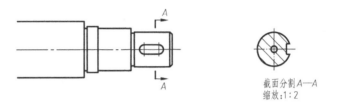

图2-34　创建断面图

2.9　标注

2.9.1　尺寸标注

1. 自动生成尺寸

将三维模型中已有的约束条件自动转为尺寸标注,包括草图中存在的全部约束、零件之间存在的角度距离约束、拉伸特征转换为长度约束、旋转特征转换为角度约束、倒角特征转换为半径约束、装配件中的约束关系转换为装配尺寸。

打开"autogeneration_ dimension"文件夹下的"autogeneration_ dimension. CATDrawing"文件。

(1)一次性生成尺寸　单击"尺寸生成"工具条下的"生成尺寸"图标 ,弹出"尺寸生成过滤器"对话框(图2-35a),选择生成尺寸的约束类型,可一次性生成选定约束类型下的尺寸标注,如图2-35b所示。生成尺寸后,通常需要调整尺寸的位置和字体的大小。

(2)逐步生成尺寸　单击"尺寸生成"工具条下的"逐步生成尺寸"图标 ,弹出"逐步生成"对话框(图2-36);每单击一次 生成一个尺寸;单击 可删除最后一个生成的尺寸;单击 可将当前生成的尺寸标注在指定的视图中; 超时: 2 s 用于设置自动生成尺寸的间隔时间。

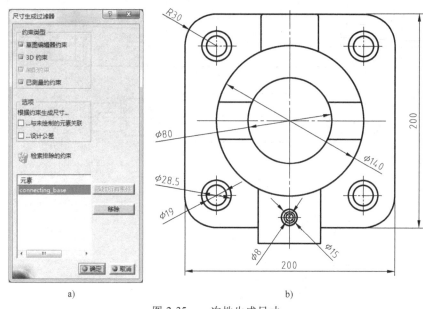

图 2-35　一次性生成尺寸

a）尺寸生成过滤器　b）一次性生成选定约束类型下的尺寸标注

2. 手动标注尺寸

"尺寸"工具条上为手动标注尺寸的一些图标，主要有"长度距离尺寸"图标、"角度"图标、"半径"图标和"直径"图标等。

图 2-36　"逐步生成"对话框

（1）长度、角度和直径标注　打开"manual _ dimension"文件夹下的"dimension.CATDrawing"文件。单击"尺寸"工具条下的"长度距离尺寸"图标，弹出"工具控制板"对话框（图2-37），可控制尺寸的显示形式。选择需要标注的边长，在绘图区合适的位置单击放置该长度尺寸。同理可标注角度和直径，如图2-38所示。

图 2-37　"工具控制板"对话框

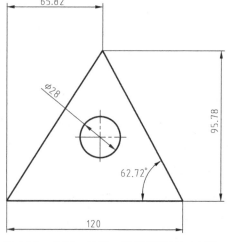

图 2-38　长度、角度、直径/半径尺寸标注

注意：使用 图标可以将上述的独立功能进行综合，即根据选择的元素不同标注不同的内容。

（2）倒角　打开"manual_ dimension"文件夹下的"bolt.CATDrawing"文件，选择"尺寸"工具条下的"倒角"图标 ，出现倒角的"工具控制板"工具条（图2-39），选择倒角显示模式，标注倒角，如图2-40所示。

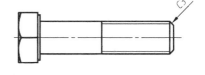

图2-39　工具控制板　　　　　　　　　　　图2-40　倒角标注

（3）螺纹　选择"尺寸"工具条下的"螺纹尺寸"图标 ，选择视图中的螺纹边线，标注螺纹尺寸，图2-41所示为螺纹标注结果。选择该尺寸，右击，弹出"属性"对话框（图2-42），将直径符号"ϕ"更改为"M"。

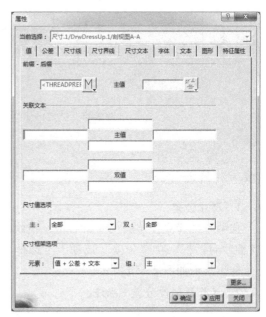

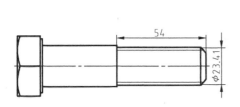

图2-41　螺纹标注　　　　　　　　　　　　图2-42　尺寸属性修改

（4）坐标尺寸　打开"manual_ dimension"文件夹下的"connecting.CATDrawing"文件，单击"尺寸"工具条下的"坐标尺寸"图标 ，选择标注点，标注坐标尺寸，如图2-43所示。

（5）链式尺寸、累积尺寸（坐标式尺寸）和堆叠尺寸（综合式尺寸）标注　单击"尺寸"工具条下的"链式尺寸"图标 ，单击视图中需要标注的链式尺寸边线，操作结束后，在绘图区合适的位置单击放置该尺寸（图2-44a）；同理可标注累积尺寸和堆叠尺寸，

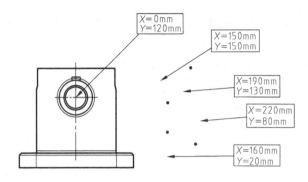

图 2-43 坐标尺寸标注

如图 2-44b、c 所示。

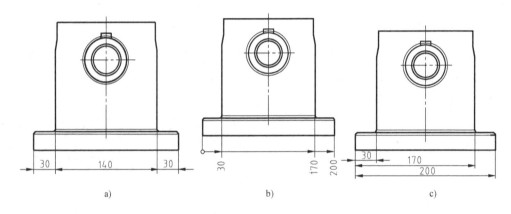

图 2-44 链式尺寸、累积尺寸和堆叠尺寸标注

a）链式尺寸 b）累积尺寸 c）堆叠尺寸

2.9.2 公差标注

1. 尺寸公差

选中需要标注公差的尺寸，右击，在快捷菜单栏中选择"属性"，弹出图 2-45a 所示的"属性"对话框，在"公差"选项卡下选择公差的形式以及输入数值，单击"确定"按钮。公差标注结果如图 2-45b 所示。

2. 基准及形位公差⊖标注

（1）基准标注 单击"公差"工具条下的"基准特征"图标 Ⓐ，单击需要标注的基准元素，输入基准名称，选择合适位置单击，放置基准符号，如图 2-46 所示。

（2）形位公差标注 单击"公差"工具条下的"形位公差"图标 ⬛，单击需要标注形位公差的元素，在绘图区合适的位置单击，弹出"形位公差"对话框（图 2-47a），选择形位公差类型（图 2-47a 箭头所指为所有形位公差类型），填入形位公差类型和数值，单击

⊖ 为与软件中保持一致，本书中与软件相关的内容仍用"形位公差"，其他部分按 GB/T 1182—2008 中修改为"几何公差"。

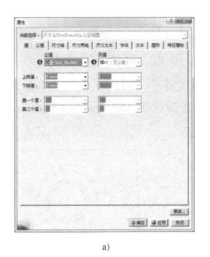

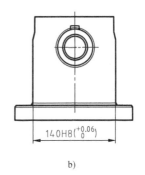

a) b)

图 2-45　尺寸公差标注

a）"属性"对话框　b）公差标注结果

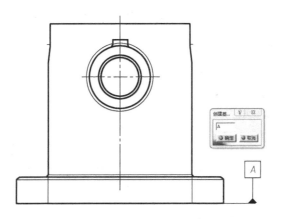

图 2-46　基准标注

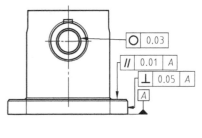

a) b)

图 2-47　形位公差标注

a）"形位公差"对话框　b）形位公差标注完成

"确定"按钮，完成形位公差的标注，如图 2-47b 所示。

2.9.3　表面粗糙度标注

表面粗糙度是加工表面上的微观几何特征。单击"符号"工具条下的"粗糙度"图标 $\overline{\vee}$ ，选择需要标注粗糙度的元素，弹出"粗糙度符号"对话框（图2-48a），填入粗糙度类型和数值，单击"确定"按钮，完成表面粗糙度的标注，如图2-48b所示。

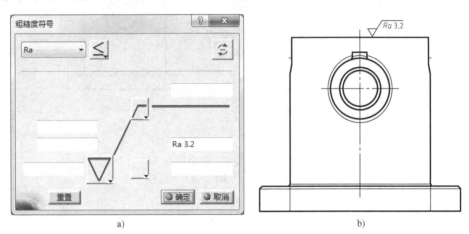

a)　　　　　　　　　　　　　　　　　　　b)

图2-48　表面粗糙度标注

a)"粗糙度符号"对话框　b)粗糙度标注完成

2.9.4　创建注释文本

单击"文本"工具条下的"文本"图标 **T** ，在绘图区合适的位置单击放置文本，弹出"文本编辑器"对话框（图2-49），填入文字，进行技术说明标注，如热处理要求、表面处理要求、其余圆角大小及其余面拔模角度等。

注意：使用组合键<Ctrl+Enter>换行。

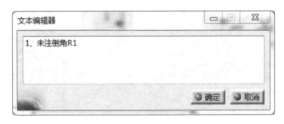

图2-49　"文本编辑器"对话框

第 2 部分

零件工程图

第 3 章

零件图基本知识

任何一台机器都是由许多零件装配而成的，表达零件结构形状、大小及技术要求的图样称为零件图。

3.1 零件图的作用和内容

3.1.1 零件图的作用

零件图是加工制造、检验、测量零件的依据，它直接服务于生产，是生产中的重要技术文件。

3.1.2 零件图的内容

零件图不仅要反映设计者的设计意图，而且要表达零件的各种技术要求，如尺寸精度、表面粗糙度等。一张完整的零件图应具备一组视图、完整的尺寸、技术要求和标题栏四项内容，如图 3-1 所示。

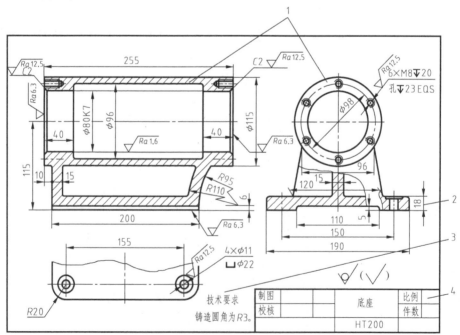

图 3-1 零件图的内容

1—视图 2—尺寸标注 3—技术要求 4—标题栏

1．一组视图（表达零件的结构形状）

在零件图中须用一组视图来表达零件的形状和结构，应根据零件的结构特点选择适当的剖视、断面、局部放大图等表示法，用简明的方案将零件的形状结构完整、清晰和简便地表达出来。

2．完整的尺寸（确定各部分的大小及位置）

用一组尺寸，完整、清晰和合理地标注出零件的结构形状及其相互位置的大小，既能满足设计意图，又适宜于加工制造，便于检验。

3．技术要求（加工、检验达到的技术指标）

用国家标准中规定的符号、数字、字母和文字等标注或说明零件在制造、检验、安装时应达到的各项技术要求，如表面粗糙度、尺寸公差、形位公差、材料及热处理要求等。

4．标题栏（零件名称、材料及必要的签名等）

标题栏内容一般包括零件名称、材料、数量、比例、图的编号以及设计、描图、绘图、审核人员的签名等。填写时注意以下几点：

（1）零件名称 零件名称要精练，如"齿轮""泵盖"，不必体现零件在机器中的具体作用。

（2）图样代号 按分类编号和隶属编号进行编制。分类编号是按对象（产品、零部件）功能、形状的相似性，采用十进位分类法进行编号。隶属编号是按产品、部件、零件的隶属关系编号。具体应符合 GB/T 17825.3—1999《CAD 文件管理 编号原则》以及 JB/T 5054.4—2000《产品图样及设计文件 编号原则》。机械图样一般采用隶属编号，图样编号要有利于图样的检索。

（3）零件材料 要用规定的牌号表示，不得用自编的文字或代号表示。

3.2 零件图的表达分析

3.2.1 零件的视图选择

零件图的视图表达方案的选择，是在考虑便于作图和读图的前提下，确定一组视图把零件的结构形状完整、清晰地表达出来，并力求绘图简便。

选择视图是在便于看图的前提下，力求画图简便，如轴套（图 3-2）采用一个视图便可描述清楚。零件图的视图选择要求：

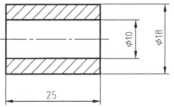

图 3-2　轴套的视图选择

1）完全：零件各部分的结构、形状及相对位置表达完全且唯一确定。

2）正确：视图之间的投影关系及表达方法要正确。

3）清楚：所画图形要清晰、易懂。

要达到以上要求，首先必须根据零件几何形体、结构、功用及加工方法，选好主视图，然后选配其他视图。

3.2.2　零件主视图的选择

选择主视图就是要确定零件的摆放位置和主视图的投射方向。在选择主视图时，要考虑形状特征原则及合理位置原则。

1. 形状特征原则

形状特征原则就是将最能反映零件形状特征、结构特征及各组成部分间相对位置关系最明显的方向，作为主视图的投射方向。当形状特征与位置特征发生矛盾时，优先考虑零件各组成部分的相对位置特征。

以台虎钳为例（图3-3a），六个投射方向所反映的零件形状特征各不相同，其中，A向视图比C向视图可更清楚地反映该零件的形状特征，因此宜选用A向视图为其主视图。

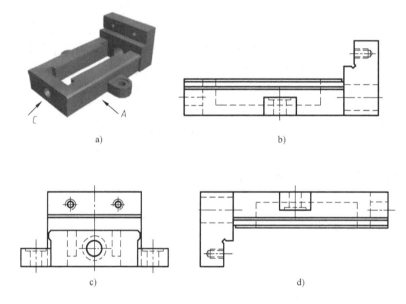

图 3-3　台虎钳钳身主视图选择

a）钳身工作位置　b）形状特征明显且符合工作位置　c）形状特征不明显　d）非工作位置

2. 合理位置原则

（1）加工位置原则　零件主视图的位置与零件在主要加工工序中的装夹位置一致。零件图的主要功用之一是用于制造零件，因此，主视图所表示的零件位置最好与该零件在机床上加工的装夹位置一致，以方便工人在加工该零件时读图。这类零件在加工过程中位置相对比较固定，如轴套类零件、盘类零件等。轴套类零件的基本形状为细长杆状，盘盖类零件的基本形状为扁平盘状。

1）轴套类零件。其主体结构的大部分是同轴回转体，它们一般起支承转动零件、传递动力的作用，因此，常带有键槽、轴肩、螺纹及退刀槽或砂轮越程槽等结构。这类零件主要在车床上加工，所以，轴套类零件的主视图应按合理位置原则选择，即应将轴线水平放置画图。图 3-4 所示为轴类零件主视图的选择。

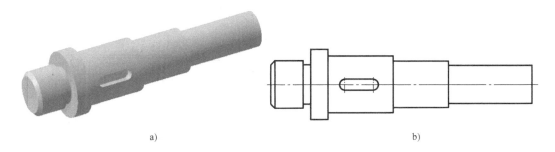

a)   b)

图 3-4　轴类零件主视图的选择

a）零件　b）主视图

2）盘盖类零件。主体结构是同轴线的回转体，常带有各种形状的凸缘、均布的圆孔和肋等结构。盘类零件一般是用来传递运动或动力的，如齿轮、带轮等；盖类零件一般用来作为轴承孔等的端盖。盘盖类零件主要也是在车床上加工，选择主视图时，应遵循加工位置原则，即应将轴线水平放置画图。图 3-5 所示为法兰盖主视图的选择。

（2）工作位置原则　零件主视图的位置与零件在机器中工作时的位置一致。如果零件在加工过程中的位置不断变化，而在工作中位置相对固定，则主视图的位置最好与零件在机器中工作时的位置一致，这样有利于了解该零件在机器中的工作情况，并可与装配图进行直接对照。这类零件主要有箱体类零件、叉架类零件等。

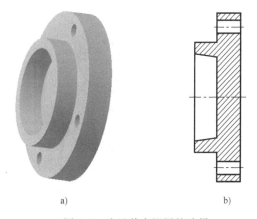

a)   b)

图 3-5　法兰盖主视图的选择

a）零件　b）主视图

1）箱体类零件。其结构一般均比较复杂，其内部有空腔、孔等结构。主要用来支承、包容和保护运动零件或其他零件，如阀体、底座及泵体，如图 3-6 所示。

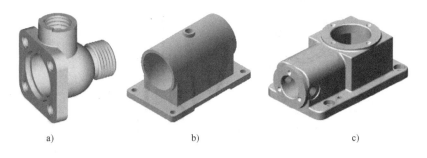

a)   b)   c)

图 3-6　箱体类零件

a）阀体　b）底座　c）泵体

箱体类零件毛坯多采用铸件，工作表面采用铣削或刨削，箱体上的孔系多采用钻、扩、铰、镗。由于加工位置多变，所以选择主视图时主要考虑形状特征或工作位置。常采用全剖视表达内部结构和各部分的相对位置。图 3-7 所示为图 3-6 所示。箱体类零件主视图的选择。

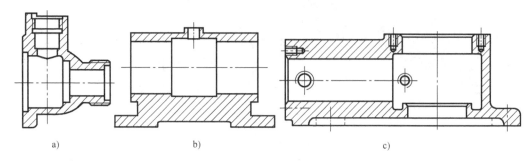

图 3-7　箱体类零件主视图的选择

2）叉架类零件。其结构形状一般比较复杂且不规则，主要用于支承零件等，如图 3-8 所示。

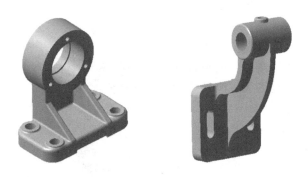

图 3-8　叉架类零件

叉架类零件在制造时，所使用的加工方法并不一致，使加工位置多变，所以主要依据它们的结构形状特征和工作位置来选择主视图。图 3-9 和图 3-10 所示分别为支架及脚踏座的主视图选择，方案一主视图表达了零件的主要部分：轴承孔的形状特征、各组成部分的相对位置，螺钉孔和凸台也得到了表达，方案一为优选方案。

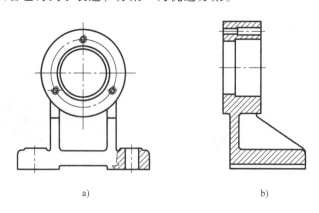

图 3-9　支架主视图选择
a）主视图选择方案一　b）主视图选择方案二

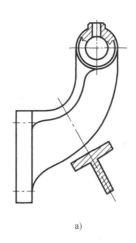 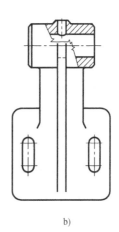

a)　　　　　　　　　　　　　　　　　b)

图 3-10　脚踏座主视图选择

a）主视图选择方案一　b）主视图选择方案二

　　选择主视图应以形状特征原则为主，同时要尽量满足合理位置原则。实际上，有很多零件的工作位置和加工位置都不确定，此时可按零件几何形状选取安放较稳定的自然位置。对于工作位置歪斜放置的零件，因不便绘图，应将零件放正。阀体（图 3-11）的工作位置和加工位置都不确定，所以选取安放较稳的自然位置，A 向视图比 B 向视图更能清楚地反映零件形状特征。

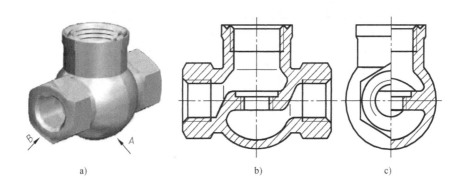

a)　　　　　　　　　　　　b)　　　　　　　　　　　c)

图 3-11　阀体主视图选择

a）安放位置　b）A 向视图好　c）B 向视图不好

3.2.3　零件其他视图的选择

1. 零件其他视图的选择原则

　　1）根据零件的复杂程度以及内外结构形状，全面考虑所需要的其他视图，使每个视图至少有一个表达重点。在明确表达零件的前提下，使视图（包括剖视图和断面图）的数量为最少，力求表达简练，不出现多余视图。

　　2）零件的主体形状应尽量采用基本视图表达。当内部结构需要表达时，尽量避免使用细虚线表达零件的轮廓及棱线，应尽量在基本视图上进行剖视。但适当使用少量虚线，可以减少视图数量。对尚未表达清楚的局部结构和倾斜部分结构，可增加必要的局部（剖）视图、斜（剖）视图和局部放大图。有关视图应尽量保持直接投影关系，配置在相关视图附近。

3）在确定视图表达方案时，可做多种方案进行比较，按照表达零件形状要正确、完整、清晰、简洁的要求，进一步综合、比较、调整、完善，选出最佳的表达方案。

2. 典型零件其他视图的选择

1）轴套类零件其他视图的选择：根据零件的结构特点，配合尺寸标注，一般只用一个基本视图表示。零件上的细节结构，通常采用断面、局部剖视、局部放大等表达方法表示。

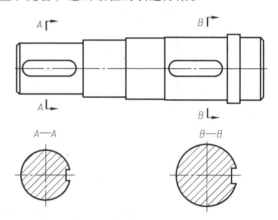

轴类零件一般是实心的，所以主视图多采用不剖或局部剖视图，对轴上的沟槽、孔洞可采用移出断面或局部放大图，如图3-12所示。

套类零件一般是空心的，所以主视图多采用全剖视图或半剖视图，对其上的沟

图 3-12　轴类零件其他视图选择

槽、孔洞可采用移出断面或局部放大图，如图3-13所示。

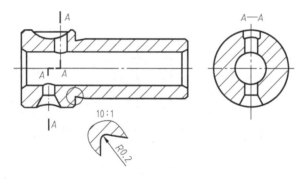

图 3-13　套类零件其他视图选择

2）盘盖类零件其他视图的选择：这类零件的基本形状是扁平的盘状，通常需用两个基本视图来进行表达，除主视图外，另一基本视图主要表达其外轮廓以及零件上各种孔的分布。若带有较复杂的结构，常需增加视图数量。图 3-14所示为法兰盖其他视图的选择。

3）箱体类零件其他视图的选择：根据零件的结构特点，表达时至少需要三个基本视图。俯视图常采用半剖视图表达箱壁结构形状，左视图常采用全剖

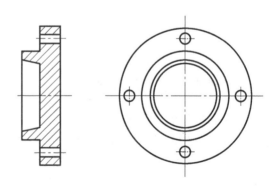

图 3-14　法兰盖其他视图选择

或半剖视图表达内部结构及相对位置，其他没有表达清楚的结构（如肋、凸台等）采用移出断面、局部视图和斜视图等，如图 3-15 和图 3-16 所示。

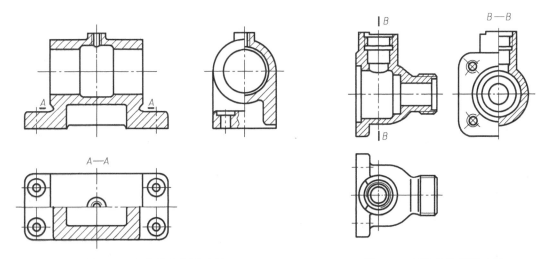

图 3-15　底座其他视图选择　　　　　　　　图 3-16　阀体其他视图选择

　　泵体零件图的主视图采用工作位置，且采用全剖视图，主要表达了齿轮轴孔的结构形状以及各形体的相互位置；俯视图主要表达了箱壁的结构形状；B—B 剖面图主要表达了底板的形状及安装尺寸，K 局部视图表达了法兰油口的形状。几个视图配合完整表达了泵体结构，如图 3-17 所示。

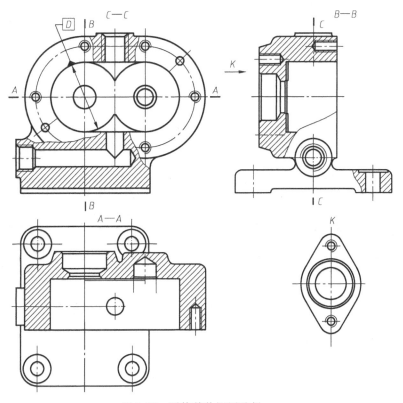

图 3-17　泵体其他视图选择

4）叉架类零件其他视图的选择：根据零件的结构特点，通常选用两个基本视图表示。主视图没有表达清楚的结构（如肋、轴承孔等）采用移出断面、局部视图和斜视图等。从图 3-18b 所示的脚踏座的视图方案二可以看出，对于表达轴承孔和肋的宽度，用右视图是多余的；而对于 T 形肋来说，采用断面比较恰当。因此，方案二视图的表达不如方案一（图 3-18a）简炼、清晰。

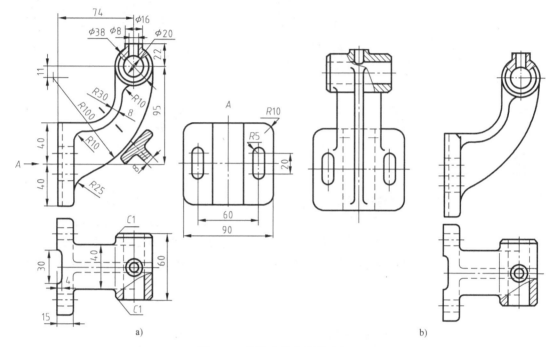

图 3-18　脚踏座其他视图选择

a）方案一　b）方案二

支架零件图：选全剖的左视图，表达轴承孔的内部结构、两侧支撑板形状、螺孔深度等，选择 B 向视图表达底板的形状，选择移出断面表达支承板断面的形状。方案二的俯视图选用 B—B 剖视表达底板与支承板断面的形状比方案一合理，如图 3-19 所示。

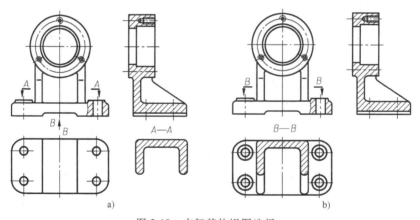

图 3-19　支架其他视图选择

a）方案一　b）方案二

3.3 零件图的尺寸标注

3.3.1 零件图尺寸标注的基本要求

零件上各部分的大小是按照图样上标注的尺寸进行制造和检验的。零件图中尺寸是零件图的主要内容。零件的尺寸标注要做到正确、完整、清晰、合理。对于前三项要求前面已有介绍，这里主要讨论尺寸标注的合理性。所谓合理就是标注尺寸时，既要满足设计要求，保证零件的工作性能，又要符合工艺要求，便于加工制造和检测。为了做到合理，在标注尺寸时，必须了解零件的作用及其在机器中的装配位置和采用的加工方法等，从而选择恰当的尺寸标注，结合具体情况合理地标注尺寸。

3.3.2 正确选择尺寸基准

基准是指零件在设计、制造和测量时，确定尺寸位置的几何要素。基准的选择直接影响零件能否达到设计要求，以及加工是否可行、方便。根据作用不同，基准可分为以下两类。

1. 设计基准

用以保证零件设计要求而选择的基准，即确定零件在机器中正确位置的点、线、面称为设计基准。常用的基准面有安装面、重要的支承面、端面、装配接合面、零件的对称面等。常用的基准线有零件回转面的轴线等。图 3-20 所示为轴承架长、宽、高方向的设计基准。

2. 工艺基准

为保证零件制造精度，用以确定零件在加工或测量时相对于机床、工装或量具位置的点、线、面称为工艺基准。轴套在加工时，用大圆柱面作为径向定位面，而测量轴向尺寸 a、b、c 时，则以右端面为起点，因此右端面就是工艺基准（图 3-21）。

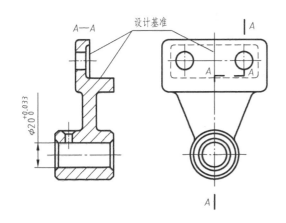

图 3-20 轴承架长、宽、高方向的设计基准

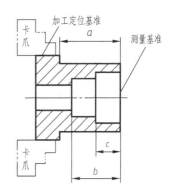

图 3-21 轴套的工艺基准

3. 基准的选择

从设计基准出发标注尺寸，能保证设计要求；从工艺基准出发标注尺寸，则便于加工和测量。在选择基准时，最好使设计基准与工艺基准重合，若不能重合，则应以保证设计要求

为主。图 3-22 所示为轴承座的基准选择。

一般在长、宽、高三个方向各选一个设计基准为主要基准，用以确定影响零件在机器中的工作性能、装配精度的功能尺寸。

零件的规格尺寸、配合尺寸、连接尺寸、安装尺寸均为功能尺寸，这类尺寸直接影响产品的性能，通常应从设计基准直接标注，如图 3-23 所示。

除主要基准外的其余工艺基准则为辅助基准。用以保证零件加工及装卸方便的非功能尺寸，应考虑加工、测量零件的方便，从工艺基准或按形体分析法开始标注，如退刀槽、肋板等。主要基准与辅助基准或两辅助基准之间都应有直接联系尺寸。

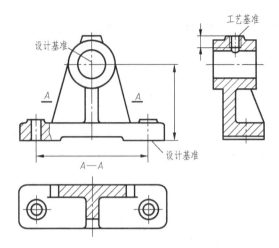

图 3-22　轴承座的基准选择

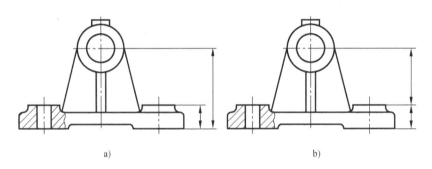

图 3-23　功能尺寸直接标注

a）正确　b）错误

4. 尺寸标注的几种形式

由于设计和工艺要求不同，零件图上同一方向的尺寸标注有链状式、坐标式、综合式三种，如图 3-24 所示。

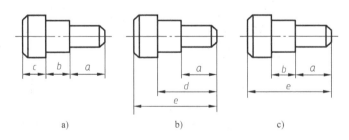

图 3-24　零件尺寸标注的形式

a）链状式　b）坐标式　c）综合式

（1）链状式　零件在同一方向上的几个尺寸依次首尾相接，注写成链状式。这种方式可保证所注各段尺寸的精度要求，但由于基准依次推移，各段尺寸的位置误差累加。常用于标注多个孔的间距尺寸。

（2）坐标式 零件同一方向的多个尺寸由同一基准出发进行标注，称为坐标式。坐标式所标注各段尺寸的精度只取决于本段尺寸加工误差，这样既可保证所标注各段尺寸的精度要求，又因各段尺寸精度互不影响，故不产生位置误差累加。

（3）综合式 综合式是链状式与坐标式的综合。它具有上述两种方式的优点，既能保证一些精确尺寸，又能减少阶梯状零件中尺寸误差积累，最能适应零件的设计和工艺要求，故应用广泛。

3.3.3 合理标注零件尺寸

1. 考虑设计要求

设计要求是对零件加工完成后要达到预期使用性能的要求。尺寸标注是否合理直接影响零件的使用性能。

（1）主要尺寸要直接标注 零件的主要尺寸是指直接影响零件在机器或部件中的工作性能和准确位置的尺寸，如零件间的配合尺寸、重要的安装定位尺寸。为了满足设计要求，主要尺寸应该直接标注。

（2）相关零件的尺寸要协调一致 对部件中有相互配合、连接、传动等关系的相关零件的相关尺寸应尽可能做到尺寸基准、尺寸标注形式及其内容等协调一致。常见的联系有轴向联系（直线配合尺寸）、径向联系（轴孔配合尺寸）和一般联系（确定位置的定位尺寸）。图 3-25a 所示为件 A 和件 B 的配合尺寸，图 3-25b 所示表达正确，图 3-25c 所示表达错误。

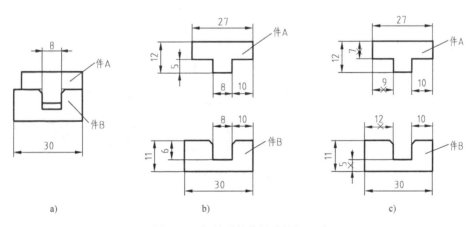

图 3-25　相关零件的尺寸协调一致

a）件 A 和件 B 的配合尺寸　b）正确　c）错误

（3）避免标注成封闭尺寸链 封闭尺寸链是指一组尺寸首尾相接，形成一个封闭圈。如图 3-26b 所示，长度方向的尺寸首尾相接，构成一个封闭的尺寸链。由于加工时，每个尺寸都会产生误差，这样所有的误差都会积累到尺寸 $58^{+0.1}_{0}$ 上，不能保证该尺寸的精度要求。

应该选择一个相对不重要的尺寸不标注，称为开口环，使误差累积到这个不重要的开口环上去（加工时不测量），开口环的尺寸在加工中自然形成，如图 3-26a 所示。

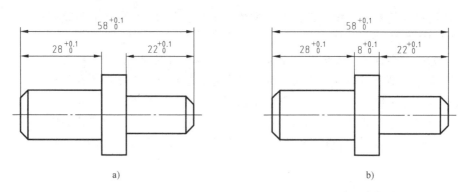

图 3-26　避免标注成封闭尺寸链
a）正确　b）错误

2. 考虑工艺要求

工艺要求的作用是使零件在制造过程中便于加工和测量。

（1）标注尺寸应符合加工顺序　按加工顺序标注尺寸，符合加工过程，便于加工和测量。图 3-27 所示为阶梯轴的加工顺序及标注，图 3-28 所示为退刀槽的尺寸标注，图 3-29 所示为退刀槽的加工顺序。

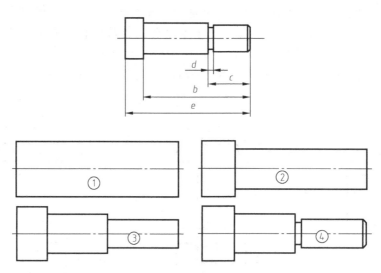

图 3-27　阶梯轴的加工顺序及标注

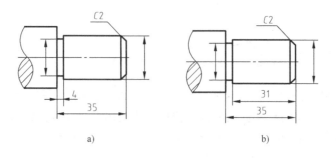

图 3-28　退刀槽的尺寸标注
a）合理　b）不合理

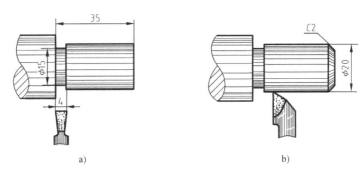

图 3-29 退刀槽的加工顺序

a）车 4×φ15 退刀槽 b）车 φ20 外圆及倒角

（2）按不同加工方法尽量集中标注尺寸 一个零件一般不是用一种方法加工，而是经过几种加工方法才能制成。在标注尺寸时，最好将一种加工方法的有关尺寸集中标注。如图 3-30 所示，轴上键槽是在铣床上加工的，因此这部分的尺寸在左视图中集中标注。

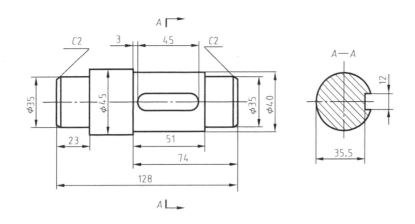

图 3-30 阶梯轴按加工顺序及加工方法标注

（3）标注尺寸要便于测量 加工阶梯孔时，一般是先做成小孔，然后依次加工出大孔。因此，在标注轴向尺寸时，应从端面标注大孔的深度以便测量，如图 3-31 所示。

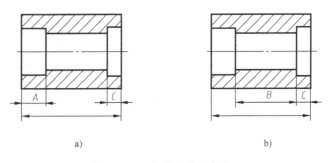

图 3-31 一般阶梯孔的标注

a）正确 b）错误

　　另外，由设计基准标注出中心至某面的尺寸，不易测量时，若这些尺寸对设计要求影响不大，应考虑测量方便，如图3-32所示。

　　（4）同一个方向只能有一个非加工面与加工面联系　对铸件或锻件的同一个方向的若干个加工面与非加工面，一般只宜有一个联系尺寸。如图3-33b所示的标注尺寸，加工面 *A* 会影响所有的尺寸，只能保证一个尺寸的精度；而如图3-33a所示，只有 *A*、*B* 面间的尺寸是加工面与非加工面的联系尺寸，可以由 *A* 面的加工来保证尺寸精度，而其他表面之间的尺寸，在制造毛坯时加以控制。

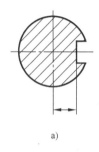

图3-32　标注尺寸要考虑便于测量

a）不便于测量　b）便于测量

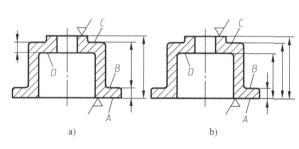

图3-33　同一个方向只能有一个

非加工面与加工面联系

a）合理　b）不合理

A—加工面　*B*、*C*、*D*—非加工面

3. 零件尺寸标注其他注意事项

零件尺寸标注其他注意事项见表3-1。

表3-1　零件尺寸标注其他注意事项

说　明	图　例
组合体表面具有相贯线和截交线时，不能在截交线和相贯线上直接标注	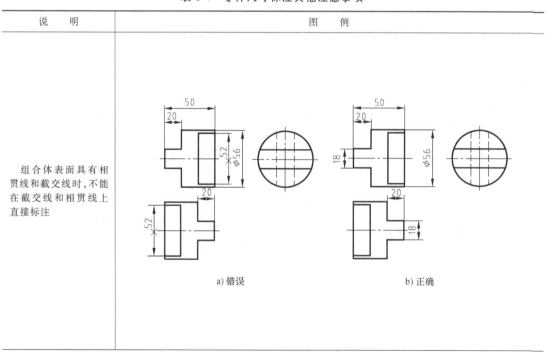 a）错误　　　　　　　　　　b）正确

（续）

说　明	图　例
组合体表面具有相贯线和截交线时,不能在截交线和相贯线上直接标注	
应尽量标注在视图外面,以免尺寸线、尺寸数字与视图的轮廓线相交	
同心圆柱的直径尺寸最好标注在非圆的视图上	

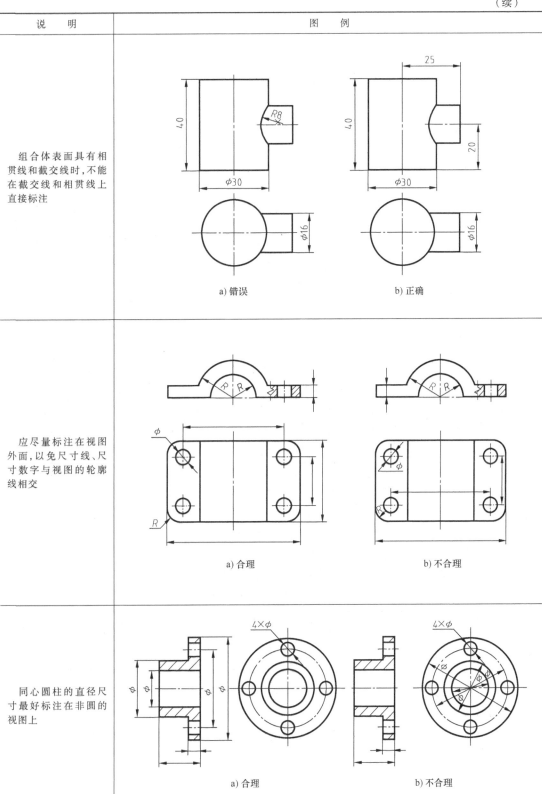

（续）

说　明	图　例
互相平行的尺寸应按大小顺序排列，小尺寸在内，大尺寸在外	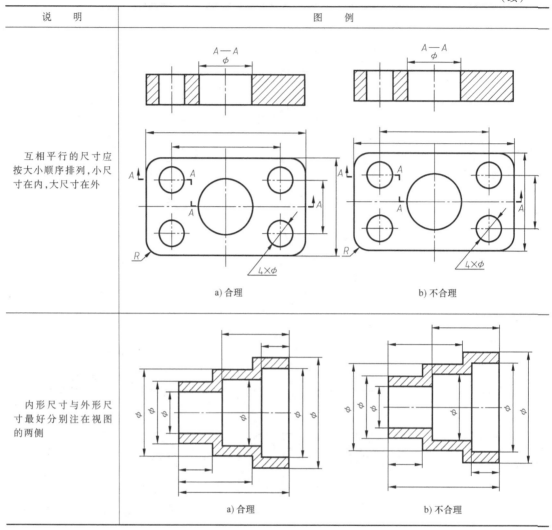 a) 合理　　　　　　　　b) 不合理
内形尺寸与外形尺寸最好分别注在视图的两侧	a) 合理　　　　　　　　b) 不合理

4. 零件上常见结构要素的尺寸标注

（1）符号或缩写词　零件上常见结构要素的符号或缩写词见表 3-2。

表 3-2　零件上常见结构要素的符号或缩写词

名称	直径	半径	球直径	球半径	厚度	正方形	45°倒角	深度	沉孔或锪平	埋头孔	均布
符号或缩写词	ϕ	R	$S\phi$	SR	t	□	C	▽	⊔	∨	EQS

（2）常见结构要素的尺寸标注方法　零件上常见结构要素的尺寸标注方法见表 3-3。

5. 零件图尺寸标注步骤

1）对零件进行结构分析，从装配图或装配体上了解零件的作用，弄清该零件与其他零件的装配关系。

2）选择尺寸基准和标注功能尺寸。

3）考虑工艺要求，结合形体分析法标注其余尺寸。

表 3-3 零件上常见结构要素的尺寸标注方法

零件结构类型		标注方法	说明
螺孔	通孔		4 个 M6-6H 的螺纹通孔
	不通孔		4 个 M6-6H 的螺纹不通孔,螺纹孔深 10,攻螺纹前钻孔深 12
光孔	一般孔		4 个 φ6、深 10 的孔
	精加工孔		4 个 φ6、钻孔深 12、精加工深 10 的孔
	锥销孔		φ5 为锥销孔的小头直径

（续）

零件结构类型		标注方法	说明
沉孔	锥形沉孔		4 个 φ7 锥形沉孔，锥孔口直径为 13，锥面顶角为 90°
	柱形沉孔		4 个 φ6 柱形沉孔，沉孔直径为 12，深 3.5
	锪平面		4 个 φ7 锪平孔，锪平孔直径为 16。锪平孔不需标注深度，一般锪平到不见毛面为止
键槽	平键键槽		这样标注便于测量
	半圆键槽		这样标注便于选择铣刀（铣刀直径为 φ）及测量
	退刀槽及越程槽		退刀槽一般可以按"槽宽×直径"或"槽宽×槽深"的形式标注，砂轮越程槽一般用局部放大图表示，尺寸从零件手册中查得

（续）

零件结构类型	标注方法	说明
倒角	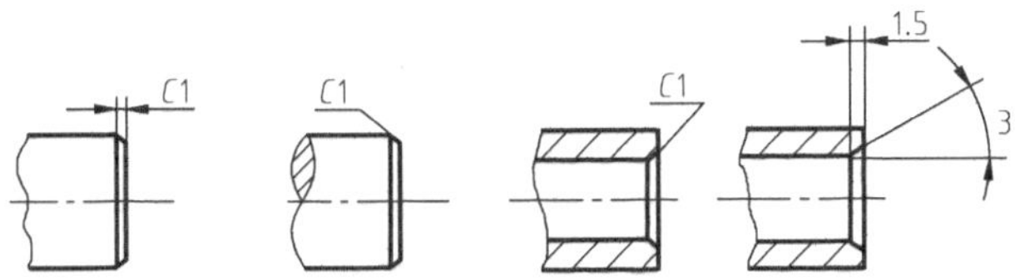	当倒角为 45° 时，可以在倒角距离前加符号 "C"，当倒角非 45° 时，则分别标注
中心孔	 GB/T 4459.5—B2.5/8 GB/T 4459.5—A4/8.5 GB/T 4459.5—A1.6/3.35	表示 B 型中心孔，在完工的零件上要求保留 表示 A 型中心孔，完工后在零件上不允许保留 表示 A 型中心孔，在完工的零件上不允许保留

4）认真检查尺寸的配合与协调，是否满足设计与工艺要求，是否遗漏了尺寸，是否有多余和重复尺寸。

3.4 零件图的技术要求

为了保证零件预定的设计要求和使用性能，必须在零件图上标注或说明零件在加工制造过程中的技术要求，如尺寸公差、表面结构要求、形状和位置公差及热处理方面的要求等。技术要求在零件图中的表示方法有两种：一是用规定的代（符）号标注在视图中；二是在"技术要求"标题下面用简明文字来说明。下面将介绍技术要求的内容、选用原则和在图样上的标注方法。

3.4.1 表面粗糙度

零件的加工表面看起来很光滑，但在放大镜或显微镜下，却可以看到凸凹不平的加工痕迹，如图 3-34 所示。凸起部分称为峰，低凹部分称为谷。表面上这种微观不平滑情况，是由于切削加工过程中的刀痕、切削分裂时的塑性变形、刀具与工件表面的摩擦及制造设备的高频振动等原因所形成的。零件的加工表面上具有的较小间距的峰谷所形成的微观几何形状特性，称为表面粗糙度。表面粗糙度是衡量零件表面结构质量的常用指标，它对零件的配合性质、耐磨性、抗疲劳强度、抗腐蚀性能、密封性、表面涂层的质量、产品外观等都有较大影响。零件上有配合要求或有相对运动的表面，表面粗糙度参数值就小。表面粗糙度参数值越小，加工成本越高。因此，应根据零件的工作状况和需要，合理地确定零件各表面的表面粗糙度要求。

1. 表面粗糙度基本术语及定义

用以说明表面粗糙度的参数，称为表面粗糙度评定参数。《产

图 3-34 表面粗糙度的概念

品几何技术规范（GPS）表面结构 轮廓法 表面结构的术语、定义及表面结构参数》（GB/T 3505—2009）和《产品几何技术规范（GPS）表面结构 轮廓法 表面粗糙度参数及其数值》（GB/T 1031—2009）中规定了表面粗糙度术语、评定的参数及其数值，如图3-35所示。

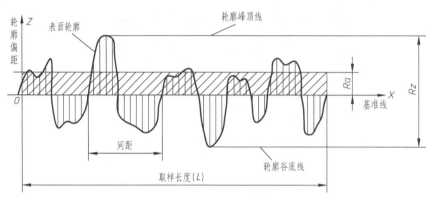

图 3-35　轮廓曲线与表面粗糙度评定参数

（1）取样长度 L　用于判别具有表面粗糙度特征的一段基准线长。规定和选择这段长度是为了限制和减弱表面波纹度对表面粗糙度测量结果的影响，一般应包括五个以上轮廓峰和轮廓谷。

表面波纹度是指在机械加工过程中，由于机床、工件和刀具系统的振动，在工件表面形成的比表面粗糙度大得多的宏观不平度。零件表面的波纹度是影响零件使用寿命和引起振动的重要因素。

由于加工表面的表面粗糙度具有不均匀性，为了更加客观地反映出被测表面的表面粗糙度特征，应在几个取样长度上分别测量，取其平均值作为测量结果。

（2）基准线　用以评定表面粗糙度参数的给定线（图中的 X 轴）。因为零件表面的实际轮廓是起伏不平的，在测量时，以基准线作为测量的基准。

（3）轮廓算术平均偏差 Ra　在一个取样长度内轮廓上各点至轮廓中线距离的算术平均值，即纵坐标值 $Z(X)$ 绝对值的算术平均值，计算公式为

$$Ra = \frac{1}{L} \int_0^L |Z(X)| \, \mathrm{d}X \tag{3-1}$$

（4）轮廓的最大高度 Rz　在一个取样长度内被测表面上最大轮廓峰高和最大轮廓谷深之和的高度。

以上 Ra、Rz 称为高度特性参数。其中，Ra 参数能较充分地反映表面微观几何形状高度方面的特性，且用轮廓仪表能方便地测得 Ra 的值，所以是普遍采用的评定参数。Rz 参数在全面反映微观几何形状高度特性方面，不如 Ra 参数充分，但由于测量计算方便，也是用得比较多的评定参数。

2. 表面粗糙度的选用

1）表面粗糙度参数值的选用原则是在满足功能要求的前提下，参数允许值尽可能大些，以减少加工困难，降低成本。Ra 参数值（优先系列）从大到小分别有（单位为微米）：100，50，25，12.5，6.3，3.2，1.6，0.8，0.4，0.2，0.1，0.05，0.025，0.012。确定表面粗糙度的参数值时，应考虑下列原则，具体选值见表3-4。

2）工作表面的表面粗糙度参数值应小于非工作表面的表面粗糙度参数值。

3）配合表面的表面粗糙度参数值应小于非配合表面的表面粗糙度参数值。

4）运动速度高、单位压力大的摩擦表面的表面粗糙度参数值应小于运动速度低、单位压力小的摩擦表面的表面粗糙度参数值。

5）配合面 Ra 值取 $0.8 \sim 1.6$；一般接触面 Ra 值取 $3.2 \sim 6.3$；钻孔表面 Ra 值取 12.5。

表 3-4 表面粗糙度 Ra 参数值的确定

$Ra/\mu m$	表面特征	主要加工方法	应用举例
50、100	明显可见刀痕	粗车、粗铣、粗刨、钻、粗纹锉刀和粗砂轮加工	表面粗糙度要求最低的加工面，一般很少使用
25	可见刀痕		
12.5	微见刀痕	粗车、刨、立铣、平铣、钻	不接触表面、不重要的接触面，如螺钉、倒角、机座底面等
6.3	可见加工痕迹	精车、精刨、精铣、铰、镗、粗磨等	没有相对运动的零件接触面，如箱、盖、套筒要求紧贴的表面、键和键槽工作表面，如支架孔、衬套的工作表面等
3.2	微见加工痕迹		
1.6	看不见加工痕迹		
0.8	可辨加工痕迹方向	精车、精铰、精拉、精镗、精磨等	要求密合很好的接触面，如与滚动轴承配合的表面、锥销孔等；相对运动速度较高的接触面，如滑动轴承的配合表面、齿轮轮齿的工作表面
0.4	微辨加工痕迹方向		

3. 表面粗糙度的标注

零件表面粗糙度代（符）号及其在图上的注法应符合 GB/T 131—2006 的规定。图样上所标注的零件表面粗糙度代（符）号，是对该表面完工后的要求。

（1）表面粗糙度符号 如图 3-36 所示。

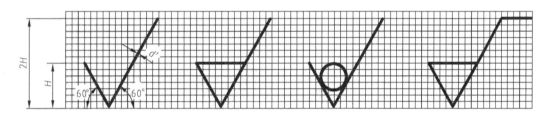

图 3-36 表面粗糙度符号

其中：$H = 1.4h$，线宽 $d' = 0.7h$，h 为字高。

表面粗糙度的符号及其意义见表 3-5。

表 3-5 表面粗糙度的符号及其意义

符 号	意义及说明
✓	基本符号，表示表面可用任何方法获得。仅适用于简化代号标注
✓	基本符号加一短划，表示表面是用去除材料的方法获得的，如车、铣、钻、磨、剪切、抛光、腐蚀、电火花加工、气割等

（续）

符　　号	意义及说明
 ∨ (加一小圆)	基本符号加一小圆，表示表面是用不去除材料的方法获得的，如铸、锻、冲压变形、热轧、冷轧、粉末冶金等。或者是用于保持原供应状况的表面（包括保持上道工序的状况）
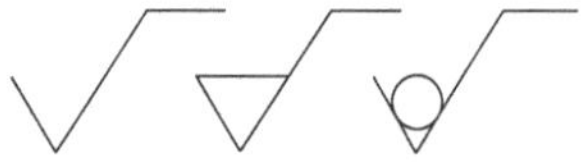 √ ∨ ∨(加横线)	完整图形符号，在上述三个符号的长边上均可加一横线，用于标注有关参数和说明
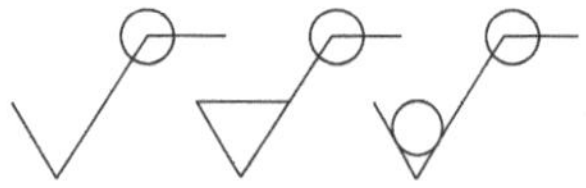 √ ∨ ∨(加小圆)	在上述三个符号上均可加一小圆，表示所有表面具有相同的表面粗糙度要求

（2）表面粗糙度代号　在表面粗糙度符号的基础上，标上其他表面特征要求（如表面粗糙度参数值、取样长度、表面加工纹理、加工方法等），就组成了表面粗糙度代号，如图 3-37 所示。

图 3-37 中：a——表面结构的单一要求；b——第二表面结构要求；c——加工方法、表面处理、涂层或其他加工工艺要求，如车、磨、镀等；d——加工表面纹理和方向，如 "="、"×"、"M"等，具体符号说明见表 3-6；e——加工余量，单位为 mm。

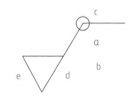

图 3-37　表面粗糙度代号组成

表 3-6　加工表面纹理符号说明

符号	解释和示例	符号	解释和示例
＝	纹理平行于视图所在的投影面	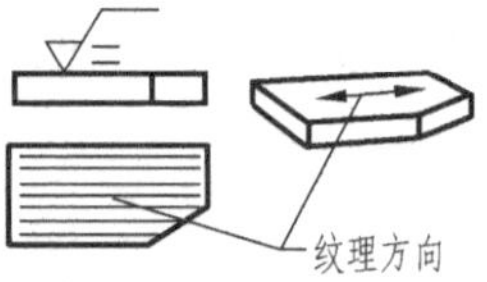 C	纹理呈近似同心圆且圆心与表面中心相关 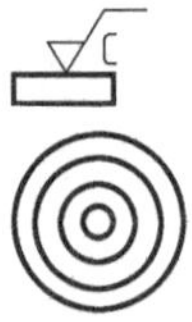
⊥	纹理垂直于视图所在的投影面	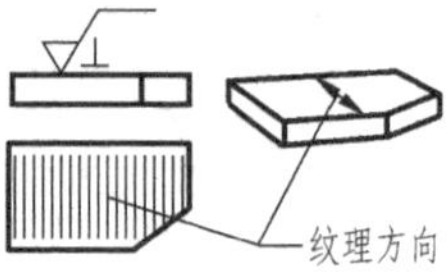 R	纹理呈近似放射状且与表面圆心相关 
X	纹理呈两斜向交叉且与视图所在的投影面相交	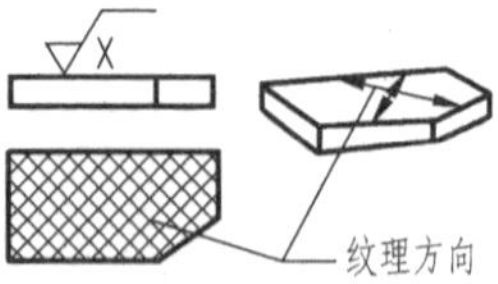 P	纹理呈微粒、凸起，无方向 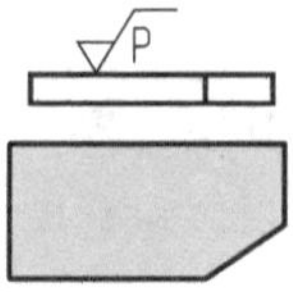
M	纹理呈多方向 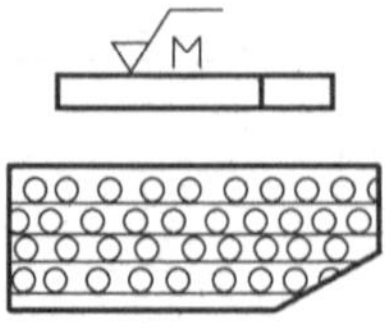		

注：如果表面纹理不能清楚地用这些符号表示，必要时，可以在图样上加注说明。

　　表面粗糙度一般在图样上只标注高度参数代号及参数值，默认为参数的上限值，表示单向极限值。当需要表示双向极限值时应标注极限代号，上限值用"U"表示，下限值用"L"表示。当标注上限值或上限值与下限值时，允许实测值中有16%的测值超差（16%规则）。当不允许任何实测值超差时，应在参数值的右侧加注 max 或同时标注 max 和 min（最大值规则），见表3-7。

表 3-7　表面粗糙度代号

代号	意义	代号	意义
$\sqrt{Rz\ 0.4}$	用不去除材料方法获得的表面粗糙度，单向上限值，Rz 的值为 0.4μm，16%规则	$\sqrt{Rz\max 0.2}$	用去除材料方法获得的表面粗糙度，单向上限值，Rz 的上限值为 0.2μm，最大值规则
$\sqrt{Rz\ 6.3}$	用去除材料方法获得的表面粗糙度，单向上限值，Rz 的值为 6.3μm，16%规则	$\sqrt{\begin{array}{l}U\ Rz\ 1.6\\L\ Ra\ 0.8\end{array}}$	用去除材料方法获得的表面，双向极限值，Rz 上限值为 1.6μm，下限值 Ra 为 0.8μm，16%规则
$\sqrt{Ra\ 0.8}$	用去除材料方法获得的表面粗糙度，单向上限值，Ra 的值为 0.8μm，16%规则	$\sqrt{\begin{array}{l}Ra\max 0.8\\Rz1\max 3.2\end{array}}$	用去除材料方法获得的表面粗糙度，单向上限值，Ra 的值为 0.8μm，Rz 的值为 3.2μm，最大值规则
$\sqrt{\begin{array}{c}铣\\\hline Ra\ 0.8\end{array}}$	用铣加工方法获得的表面粗糙度，Ra 的上限值为 0.8μm，16%规则	$\sqrt{\begin{array}{c}铣\\Ra\ 0.8\end{array}}\perp$	用铣加工方法获得的表面粗糙度，Ra 的上限值为 0.8μm，16%规则。表面纹理垂直于视图的投影面

　　（3）表面粗糙度代号在图样上的标注　表面结构要求对每一表面一般只标注一次，并尽可能注在相应的尺寸及其公差的同一视图上。除非另有说明，所标注的表面结构要求是对完工零件表面的要求（见表3-8）。

表 3-8　表面粗糙度代号在图样上的标注

图　例	意义及说明
	总原则是根据 GB/T 4458.4—2003《机械制图 尺寸注法》的规定，使表面结构的注写和读取方向与尺寸的注写和读取方向一致
	表面结构要求可标注在轮廓线上，其符号应从材料外指向并接触表面。必要时，表面结构符号也可用带箭头或黑点的指引线引出标注

（续）

图　例	意义及说明
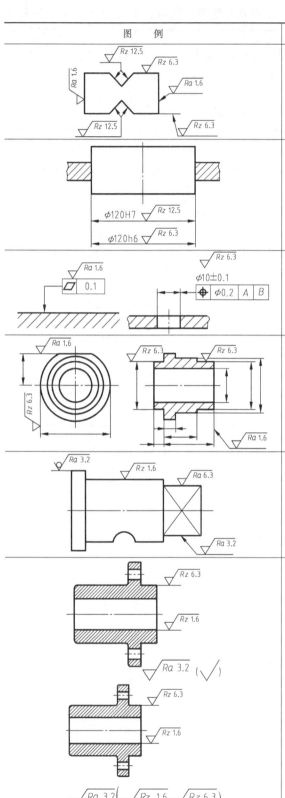	表面结构要求可标注在轮廓线上，其符号应从材料外指向并接触表面。必要时，表面结构符号也可用带箭头或黑点的指引线引出标注
	在不致引起误解时，表面结构要求可以标注在给定的尺寸线上
	表面结构要求可标注在形位公差框格的上方
	表面结构要求可以直接标注在延长线上，或用带箭头的指引线引出标注
	圆柱和棱柱表面的表面结构要求只标注一次。如果每个棱柱表面有不同的表面结构要求，则应分别单独标注
	如果在工件的多数（包括全部）表面有相同的表面结构要求，则其表面结构要求可统一标注在图样的标题栏附近。此时，表面结构要求的符号后面应有： 1）在圆括号内给出无任何其他标注的基本符号 2）在圆括号内给出不同的表面结构要求 不同的表面结构要求应直接标注在图形中

（续）

图　　例	意义及说明
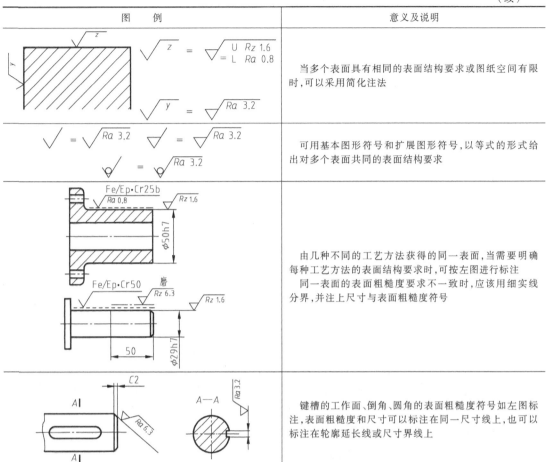	当多个表面具有相同的表面结构要求或图纸空间有限时，可以采用简化注法
	可用基本图形符号和扩展图形符号，以等式的形式给出对多个表面共同的表面结构要求
	由几种不同的工艺方法获得的同一表面，当需要明确每种工艺方法的表面结构要求时，可按左图进行标注 同一表面的表面粗糙度要求不一致时，应该用细实线分界，并注上尺寸与表面粗糙度符号
	键槽的工作面、倒角、圆角的表面粗糙度符号如左图标注，表面粗糙度和尺寸可以标注在同一尺寸线上，也可以标注在轮廓延长线或尺寸界线上

3.4.2　极限与配合

对零件功能尺寸的精度控制是重要的技术要求，控制的办法是限制功能尺寸不超过设定的最大极限值和最小极限值。

极限与配合是检验产品质量的技术指标，是保证使用性能和实现互换性生产的前提，是零件图和装配图中一项重要的技术要求。相配合的零件（如轴和孔）各自达到技术要求后，装配在一起就能满足所设计的松、紧程度和工作精度要求，保证实现功能并保证互换性。

1. 互换性概念

在统一规格的零部件中，任取其一，不需要经过任何修配就能装配到机器上，并能达到规定的功能要求，这种性质称为零部件的互换性。现代化的机械工业生产，要求机器的零部件必须具有互换性，以便广泛地组织协作，进行高效率的专业化生产，从而降低产品的生产成本，提高产品质量，方便使用与维修。

为使零件具有互换性，必须保证零件的尺寸、几何形状和相互位置以及表面特征等技术要求的一致性。但这并不意味着零件的尺寸等几何参数制成绝对一致，事实上由于加工误差和测量误差，加工绝对精确的零件是做不到的，而且也没有必要。实践证明，只要将零件尺寸等几何参数控制在一定的范围内，就能满足互换性的要求。

零件在加工过程中，由于机床精度、刀具磨损、测量误差等多种因素的影响，不可能把零件的尺寸加工得绝对准确。必须将零件尺寸的加工误差限制在一定范围内，规定出尺寸允许变动量，从而形成了公差与配合的一系列概念。

2. 极限配合与配合的有关术语和定义

极限与配合的相关术语图解如图 3-38 所示。

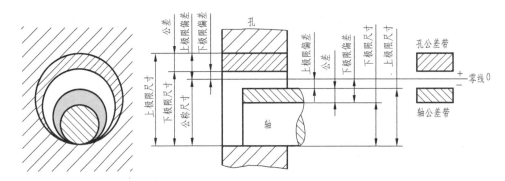

图 3-38　极限与配合的有关术语图解

（1）公称尺寸　设计给定的尺寸，理论设计值。

（2）实际尺寸　零件制成后通过测量获得的尺寸，它必须在上、下极限尺寸之间方才合格。

（3）极限尺寸　允许的尺寸的两个极端（上极限尺寸、下极限尺寸）。

（4）尺寸偏差　某一尺寸减其公称尺寸所得的代数差。上极限尺寸和下极限尺寸减其公称尺寸所得的代数差，分别称上极限偏差和下极限偏差，统称极限偏差。国标规定偏差代号：孔的上极限偏差用 ES、下极限偏差用 EI 表示，轴的上、下极限偏差分别用 es 和 ei 表示。

（5）尺寸公差（简称公差）　允许尺寸的变动量。它等于上极限尺寸与下极限尺寸之差，也等于上极限偏差与下极限偏差之代数差。因为公差仅表示尺寸允许变动范围，所以是没有正、负号的绝对值，也不可能为零。

（6）零线　确定偏差的一条基准直线。常以零线表示公称尺寸。

（7）公差带图　由于公差或偏差的数值与公称尺寸数值相比相差太大，不便用同一比例表示，同时为了简化，在分析有关问题时，不画出孔、轴的结构，只画出放大的孔、轴公差区域和位置。采用这种表达方法的图形，称为公差带图。

（8）公差带　在公差带图中，由代表上、下极限偏差或上、下极限尺寸的两条直线所限定的区域。公差带既反映了公差的大小，又反映了公差带相对于零线的位置。

确定公差带就要确定极限偏差。国家标准规定，公差带由"公差大小"和"公差带位置"组成，公差大小由标准公差确定，公差带位置由基本偏差确定，基本偏差是确定公差带相对零线位置的上极限偏差或下极限偏差。

（9）标准公差　用以确定公差带大小的公差。标准公差是公称尺寸的函数。对于一定的公称尺寸，公差等级越高，标准公差值越小，尺寸的精确程度越高。国家标准将标准公差分为 20 级（见表 3-9）：IT01，IT0，IT1，…，IT18。01 级最高，公差值最小；18 级最低，公差值最大。IT01、IT0 常用于非常精密机器的制造中，如航空航天；IT1～IT4 常用于测量仪器；IT5～IT11 在零件图中必须注出；IT12～IT18 在零件图上不必注出，属未注公差段。

表 3-9 标准公差数值

公称尺寸/mm 大于	至	标准公差等级 IT1	IT2	IT3	IT4	IT5	IT6	IT7	IT8	IT9	IT10	IT11	IT12	IT13	IT14	IT15	IT16	IT17	IT18
		μm											mm						
—	3	0.8	1.2	2	3	4	6	10	14	25	40	60	0.10	0.14	0.25	0.40	0.60	1.00	1.40
3	6	1	1.5	2.5	4	5	8	12	18	30	48	75	0.12	0.18	0.30	0.48	0.75	1.20	1.80
6	10	1	1.5	2.5	4	6	9	15	22	36	58	90	0.15	0.22	0.36	0.58	0.90	1.50	2.20
10	18	1.2	2.5	3	5	8	11	18	27	43	70	110	0.18	0.27	0.43	0.70	1.10	1.80	2.70
18	30	1.5	2.5	4	6	9	13	21	33	52	84	130	0.21	0.33	0.52	0.84	1.30	2.10	3.30
30	50	1.5	3	4	7	11	16	25	39	62	100	160	0.25	0.39	0.62	1.00	1.60	2.50	3.90
50	80	2	4	5	8	13	19	30	46	74	120	190	0.30	0.46	0.74	1.20	1.90	3.00	4.60
80	120	2.5	5	6	10	15	22	35	54	87	140	220	0.35	0.54	0.87	1.40	2.20	3.50	5.40
120	180	3.5	6	8	12	18	25	40	63	100	160	250	0.40	0.63	1.00	1.60	2.50	4.00	6.30
180	250	4.5	7	10	14	20	29	46	72	115	185	290	0.46	0.72	1.15	1.85	2.90	4.60	7.20
250	315	6	8	12	16	23	32	52	81	130	210	320	0.52	0.81	1.30	2.10	3.20	5.20	8.10
315	400	7	9	13	18	25	36	57	89	140	230	360	0.57	0.89	1.40	2.30	3.60	5.70	8.90
400	500	8	10	15	20	27	40	63	97	155	250	400	0.63	0.97	1.55	2.50	4.00	6.30	9.70

（10）基本偏差 基本偏差一般是指上、下极限偏差中靠近零线的那个偏差。基本偏差是使公差带位置标准化的唯一参数。为了满足机器中不同性质和不同松紧程度的配合，需要有一系列不同的公差带位置以组成不同的配合。基本偏差共有 28 个，其代号用拉丁字母表示，大写为孔，小写为轴。当公差带在零线上方时，基本偏差为下极限偏差；当公差带在零线下方时，基本偏差为上极限偏差。基本偏差系列如图 3-39 所示。

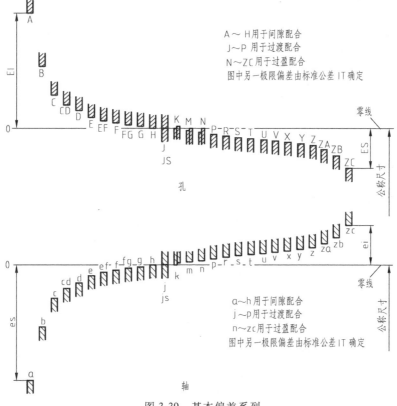

图 3-39 基本偏差系列

（11）公差带代号　公差带代号由基本偏差代号和表示标准公差等级的数字组成，如 H8，f7，…。$\phi 60H8$ 表示公称尺寸为 $\phi 60mm$，公差带代号为 H8，其中 H 为基本偏差代号，8 为标准公差等级。

3．配合的种类

配合就是公称尺寸相同的、相互装配的孔和轴公差带之间的关系。

（1）间隙配合　孔的公差带完全在轴的公差带之上，任取其中一对孔和轴相配合都能成为具有间隙的配合，如图 3-40 所示。

（2）过盈配合　孔的公差带完全在轴的公差带之下，任取其中一对孔和轴相配合都能成为具有过盈的配合，如图 3-41 所示。

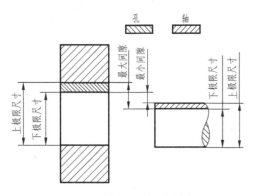

图 3-40　间隙配合

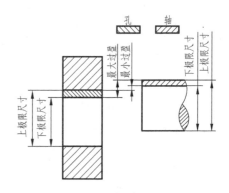

图 3-41　过盈配合

（3）过渡配合　孔和轴的公差带相互交叠，任取其中一对孔和轴相配合，可能具有间隙也可能具有过盈的配合，如图 3-42 所示。

4．配合制

公称尺寸相同的孔和轴配合，孔和轴的公差带的位置可以产生相当多的不同方案，不便于零件的设计制造。为了简化起见，使其中一种零件的基本偏差固定，通过改变另一种零件的基本偏差即可满足不同使用性能的要求的配合制度称为配合制。国家标准规定配合制度有基孔制和基轴制两种。

（1）基孔制　基本偏差为一定的孔的公差带与不同基本偏差的轴的公差带形成各种配合的一种制度，如图 3-43 所示。基

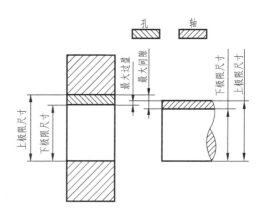

图 3-42　过渡配合

准孔的下极限偏差为零，并用代号 H 表示，如 H8/f7、H7/g6、H8/k7 等都属于基孔制的配合。基孔制优先常用配合见表 3-10。

（2）基轴制　基本偏差为一定的轴的公差带与不同基本偏差的孔的公差带形成各种配合的一种制度，如图 3-44 所示。基准轴的上极限偏差为零，并用代号 h 表示，如 F7/h6、G7/h6、K8/h7 等都属于基轴制的配合。基轴制优先常用配合见表 3-11。

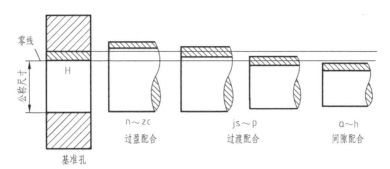

图 3-43　基孔制配合

表 3-10　基孔制优先常用配合

基准孔	轴																				
	a	b	c	d	e	f	g	h	js	k	m	n	p	r	s	t	u	v	x	y	z
	间隙配合								过渡配合				过盈配合								
H6						H6/f5	H6/g5	H6/h5	H6/js5	H6/k5	H6/m5	H6/n5	H6/p5	H6/r5	H6/s5	H6/t5					
H7						H7/f6	▲H7/g6	▲H7/h6	H7/js6	▲H7/k6	H7/m6	▲H7/n6	▲H7/p6	H7/r6	▲H7/s6	H7/t6	▲H7/u6	H7/v6	H7/x6	H7/y6	H7/z6
H8					H8/e7	▲H8/f7	H8/g7	▲H8/h7	H8/js7	H8/k7	H8/m7	H8/n7	H8/p7	H8/r7	H8/s7	H8/t7	H8/u7				
				H8/d8	H8/e8	H8/f8		H8/h8													
H9			H9/c9	▲H9/d9	H9/e9	H9/f9		▲H9/h9													
H10			H10/c10	H10/d10				H10/h10													
H11	H11/a11	H11/b11	▲H11/c11	H11/d11				▲H11/h11													
H12		H12/b12						H12/h12													

注：1. H6/n5、H7/p6 在公称尺寸小于或等于 3mm 和 H8/r7 在小于或等于 100mm 时，为过渡配合。
　　2. 标有"▲"的配合为优先配合。

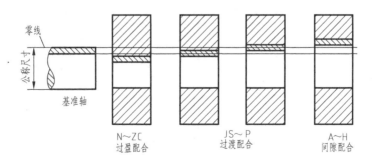

图 3-44　基轴制配合

　　基孔制和基轴制是两种并列的配合制度，按照孔、轴公差带相互位置的不同，两种基准制都可形成间隙配合、过渡配合和过盈配合三种不同的类别。

表 3-11　基轴制优先常用配合

基准轴	孔																				
	A	B	C	D	E	F	G	H	JS	K	M	N	P	R	S	T	U	V	X	Y	Z
	间隙配合								过渡配合			过盈配合									
h5						$\frac{F6}{h5}$	$\frac{G6}{h5}$	$\frac{H6}{h5}$	$\frac{JS6}{h5}$	$\frac{K6}{h5}$	$\frac{M6}{h5}$	$\frac{N6}{h5}$	$\frac{P6}{h5}$	$\frac{R6}{h5}$	$\frac{S6}{h5}$	$\frac{T6}{h5}$					
h6						$\frac{F7}{h6}$	▲$\frac{G7}{h6}$	▲$\frac{H7}{h6}$	$\frac{JS7}{h6}$	▲$\frac{K7}{h6}$	$\frac{M7}{h6}$	▲$\frac{N7}{h6}$	▲$\frac{P7}{h6}$	$\frac{R7}{h6}$	▲$\frac{S7}{h6}$	$\frac{T7}{h6}$	▲$\frac{U7}{h6}$				
h7					$\frac{E8}{h7}$	▲$\frac{F8}{h7}$		▲$\frac{H8}{h7}$	$\frac{JS8}{h7}$	$\frac{K8}{h7}$	$\frac{M8}{h7}$	$\frac{N8}{h7}$									
h8				$\frac{D8}{h8}$	$\frac{E8}{h8}$	$\frac{F8}{h8}$		$\frac{H8}{h8}$													
h9				▲$\frac{D9}{h9}$	$\frac{E9}{h9}$	$\frac{F9}{h9}$		▲$\frac{H9}{h9}$													
h10				$\frac{D10}{h10}$				$\frac{H10}{h10}$													
h11	$\frac{A11}{h11}$	$\frac{B11}{h11}$	▲$\frac{C11}{h11}$	$\frac{D11}{h11}$				▲$\frac{H11}{h11}$													
h12		$\frac{B12}{h12}$						$\frac{H12}{h12}$													

注：标有"▲"的配合为优先配合。

5．公差与配合的标注

（1）零件图上尺寸公差的标注　零件图上的尺寸公差可按图 3-45 所示的三种形式中的一种进行标注。标注公差带的代号，这种标注法和采用专用量具检验零件统一起来，可适应大批量生产的需要，不需标注偏差数值；标注偏差数值，这种注法主要用于小量或单件生产，以便加工和检验时减少辅助时间；标注公差带代号和偏差数值，在生产批量不明时，可将偏差数值和公差带代号同时标注。

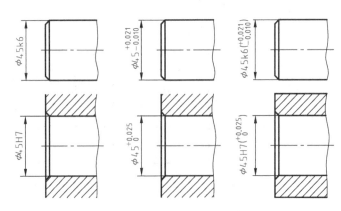

图 3-45　零件图上尺寸公差的标注

（2）装配图上公差与配合的标注 装配图上相互配合的零件的尺寸公差是在装配图上标注的，配合代号是在公称尺寸后面用分数形式注写的。对于孔要求用大写字母注出公差带代号，写在分子处；对于轴要求用小写字母注出公差带代号，写在分母处，如图3-46所示。

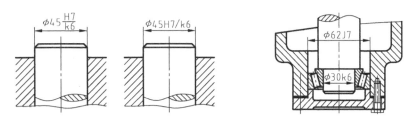

图3-46 装配图上公差与配合的标注

3.4.3 几何公差

零件都是在机床上通过夹具、刀具等工艺设备制造而成的。由于机床工艺设备本身有一定的误差，以及零件在加工过程中受到夹紧力、切削力、温度等因素的影响，从而使得完工零件的几何形状不能和所设计的理想形状完全相同，这种误差称为形状误差。同时，完工零件上的某一几何形体对同一零件上另一几何形体的相对位置也不可能和设计的理想位置完全相同，这种误差称为位置误差。

零件在制造过程中，还会产生方向误差和跳动误差，这些误差也是影响零件质量的一项技术指标。因此，必须把这些误差控制在允许的范围内。上述几种误差所允许的变动量分别叫作形状公差、方向公差、位置公差和跳动公差，简称几何公差，如图3-47所示。

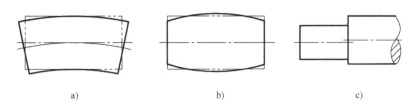

图3-47 几何公差示意图

1. 几何公差代号

GB/T 1182—2008规定用代号来标注几何公差。在实际生产中，当无法用代号标注几何公差时，允许在技术要求中用文字说明。

几何公差代号包括几何公差各项目的符号，几何公差框格及指引线，几何公差数值及其他有关符号以及基准代号等，如图3-48所示。

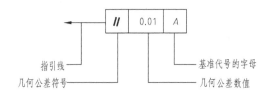

图3-48 几何公差代号

表 3-12 列出了各种几何公差的几何特征和符号。

表 3-12　几何公差的几何特征和符号

公差类型	几何特征	符号	有无基准	公差类型	几何特征	符号	有无基准
形状公差	直线度	—	无	位置公差	位置度	⊕	有或无
	平面度	▱	无		同心度 （用于中心点）	◎	有
	圆度	○	无				
	圆柱度	⌀	无		同轴度 （用于轴线）	◎	有
	线轮廓度	⌒	无				
	面轮廓度	◠	无		对称度	=	有
方向公差	平行度	//	有		线轮廓度	⌒	有
	垂直度	⊥	有		面轮廓度	◠	有
	倾斜度	∠	有	跳动公差	圆跳动	╱	有
	线轮廓度	⌒	有				
	面轮廓度	◠	有		全跳动	⌁	有

2. 几何公差的标注

几何公差标注明用带箭头的指引线与框格相连，箭头垂直指向并接触被测表面，如图 3-49 所示。当被测要素为线或表面时，从框格引出的指引线箭头应指在该要素的轮廓线或其延长线上，并应明显地与尺寸线错开，如右端面圆跳动公差的标注。当被测要素是轴线，应将箭头与该要素的尺寸线对齐，如 M8×1 的轴线的同轴度注法。

几何公差中的基准需要在其基准要素处用基准代号进行标注。基准代号由表示基准的三角形符号（涂黑或空白）、基准方框、基准字母及连线组成。为了避免误解，基准字母尽量不采用 I、O、Q、X 这几个字母，基准字母也不能与向视图字母重合。多基准时，基准字母按照重要程度依次排列。当基准要素为轮廓线或表面时，基准三角形放置在要素的轮廓线或其延长线上，并与尺寸线明显错开。当基准要素是轴线时，应将基准符号与尺寸线对齐。

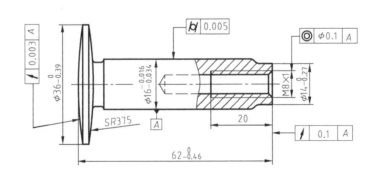

图 3-49　几何公差的标注

3.4.4 零件材料及热处理

为了改善材料的加工性能和提高零件的使用寿命，通常需对零件进行热处理。对于零件经热处理后的要求一般可在技术要求加以说明，或直接在图样上注出。

一些常用材料的名称、牌号及应用场合，以及常用的热处理与表面处理的名词解释及应用场合可以查阅相关标准手册，此处不作为重点讲解。

3.5 零件的工艺结构

零件的结构形状除了应满足设计要求和工艺要求以外，还应考虑到制造、装配、检验、使用等问题，零件的局部构型也必须合理。一般工艺要求是确定零件局部结构形状的主要依据之一。

3.5.1 铸造工艺对零件结构的要求

1. 铸造圆角

铸件表面相交处应有圆角（图3-50a），以避免铸件冷却时产生缩孔（图3-50b）或裂纹（图3-50c），同时防止起模时砂型落砂。

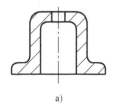

a)   b)   c)

图 3-50 铸造圆角

a）铸造圆角 b）缩孔 c）裂纹

由于铸造圆角的存在，使得铸件表面的相贯线变得不明显，为了区分不同表面，以过渡线的形式画出。

1）两曲面相交过渡线画法如图3-51所示。

2）两等直径圆柱相交过渡线画法如图3-52所示。

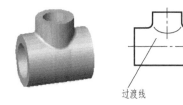

图 3-51 两曲面相交过渡线

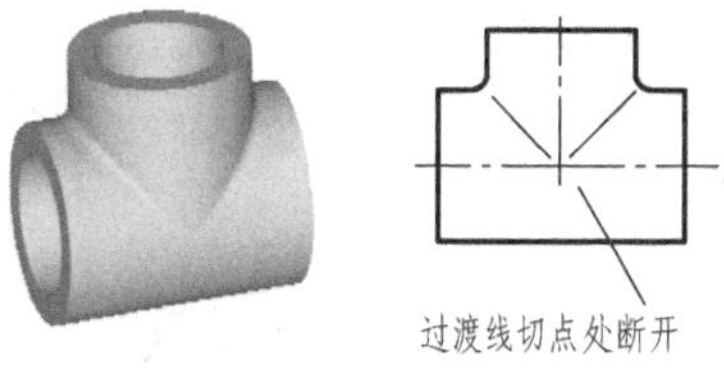

图 3-52 两等直径圆柱相交过渡线

3）平面与平面、平面与曲面过渡线画法如图3-53所示。

4）圆柱与肋板组合时过渡线画法，如图3-54所示。

2. 起模斜度

为了便于从砂型中取出木模，铸件在内外壁沿起模方向应有斜度（一般为1:20），称为起模斜度，如图 3-55 所示。当起模斜度较大时，应在零件图中表示出来，否则不予表示。

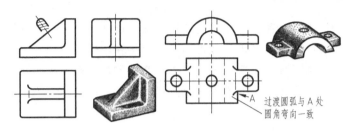

图 3-53　平面与平面、平面与曲面过渡线

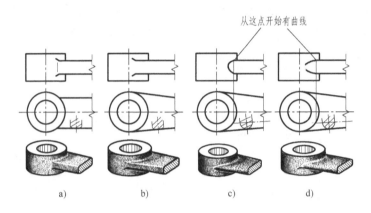

图 3-54　圆柱与肋板组合时过渡线

a)、c) 相交　b)、d) 相切

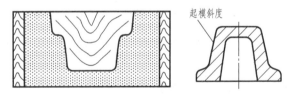

图 3-55　起模斜度

3. 铸件壁厚

为避免铸件冷却时产生内应力而造成裂纹或缩孔，铸件壁厚应尽量一致，不同壁厚间应逐渐过渡，如图 3-56 所示。

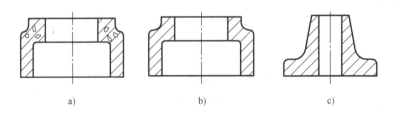

图 3-56　铸件壁厚尽量均匀或逐渐过渡

a) 壁厚不均匀　b) 壁厚均匀　c) 壁厚逐渐过渡

3.5.2 机械加工工艺对零件结构的要求

1. 倒角

为便于装配和操作安全，且保护零件表面不受损伤，一般在轴和孔的端部加工出倒角，如图 3-57 所示。在轴肩处为了避免应力集中而产生裂纹，一般应加工成圆角。倒角宽度按轴（孔）径查标准确定。倒角一般为 45°，也可取 30° 或 60°。

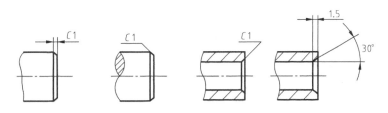

图 3-57　倒角

2. 退刀槽和砂轮越程槽

为在切削加工中，特别是在车螺纹和磨削时，为便于退出刀具或使砂轮稍稍越过加工面，同时又要保证在装配时与相邻零件靠紧，在待加工面末端常加工出螺纹退刀槽或砂轮越程槽，如图 3-58 所示。

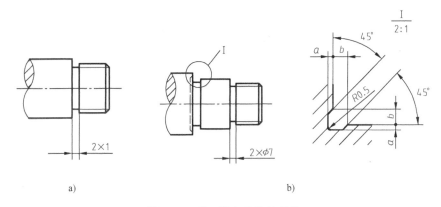

a)　　　　　　　　　　　　　　　b)

图 3-58　退刀槽和砂轮越程槽
a）退刀槽　b）砂轮越程槽

3. 钻孔端面

为保证钻孔精度，避免钻头折断，钻孔的上、下表面应与钻孔垂直。在斜面上钻孔应在孔端做出与钻孔垂直的平面或凸台、凹坑，如图 3-59 所示。

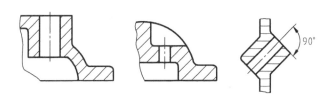

图 3-59　钻孔端面

4. 凸台、凹坑、凹槽和凹腔

为保证加工表面的质量，节省材料，减少加工面，同时也为了保证与其他零件的紧密接触，常在零件上设计出凸台、凹坑、凹槽或凹腔，如图 3-60 所示。

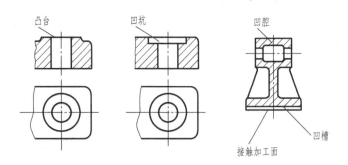

图 3-60　凸台、凹坑、凹槽和凹腔

第 **4** 章

标准件和常用件知识

在组成机器设备的零件中，有些应用十分广泛的零件，如螺栓、螺母、垫圈、键、销、滚动轴承等。为了适应专业化大批量生产，提高产品质量，降低生产成本，国家标准将其形式、结构、材料、尺寸、精度及画法等均予以标准化，这类零件被称为标准件。标准件一般由专业工厂大量生产，用户只要选用即可。另有一些零件，如齿轮、弹簧等，国家标准只对其部分尺寸和参数做出规定，但这类零件结构典型，应用也十分广泛，通常被称为常用件。

本章介绍螺纹及螺纹紧固件、键、销等标准件和常用件的规定画法、代号、标注及有关查表方法。

4.1 螺纹与螺纹紧固件

4.1.1 螺纹

1. 螺纹的形成和加工方法

圆柱面上一动点绕圆柱轴线做等速转动的同时，又沿圆柱母线做等速直线运动而形成的复合运动轨迹，称为螺旋线。一平面图形（如三角形、梯形、锯齿形等）沿圆柱表面上的螺旋线运动形成的具有相同断面的连续凸起或沟槽就称为螺纹。

在圆柱或圆锥外表面上形成的螺纹称为外螺纹，如图 4-1a 所示；在圆柱或圆锥内表面上形成的螺纹称为内螺纹，如图 4-1b 所示。

形成螺纹的加工方法很多，在车床上车削螺纹是最常见的螺纹成形方法。如图 4-2a

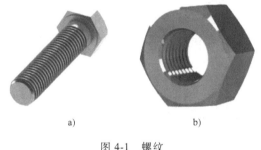

a)   b)

图 4-1　螺纹

a）外螺纹　b）内螺纹

所示，车刀沿工件轴线方向做匀速直线运动，同时工件做匀速转动，进而加工出螺纹。对于直径较小的孔或轴，通常采用板牙或丝锥加工外螺纹和内螺纹，如图 4-2b 所示。

2. 螺纹的要素

（1）螺纹牙型　螺纹在其轴线断面上的牙齿轮廓形状称为螺纹牙型。螺纹的牙型有三角形、梯形、矩形、锯齿形、方形等。常见的螺纹牙型如图 4-3 所示。

（2）螺纹的直径　螺纹的直径分为大径、中径和小径三种，螺纹直径示意图如图 4-4 所示。

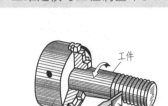
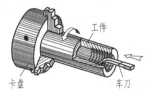

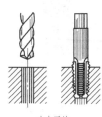

图 4-2　螺纹加工方法

a）车床加工螺纹　b）采用板牙和丝锥加工螺纹

螺纹大径是指与外螺纹牙顶或内螺纹牙底相重合的假想圆柱面直径，是螺纹的最大直径；螺纹大径的公称尺寸也为螺纹的公称直径。外螺纹的大径用 d 表示，内螺纹的大径用 D 表示。

图 4-3　常见的螺纹牙型

a）三角形　b）梯形　c）锯齿形

螺纹小径是指与外螺纹牙底或内螺纹牙顶相重合的假想圆柱面直径，是螺纹的最小直径，分别用 d_1 或 D_1 表示。

螺纹中径是指在螺纹大径和小径之间有一假想圆柱，在其母线上牙型的凸起和沟槽宽度相等，分别用 d_2 和 D_2 表示。

（3）螺纹的线数　在同一圆柱面上车制螺纹的条数，称为螺纹线数，用小写字母 n 表示。螺纹有单线和多线之分，沿一条螺旋线形成的螺纹称为单线螺纹，沿两条或两条以上螺旋线形成的螺纹称为多线螺纹。

（4）螺距和导程　螺纹上相邻两牙在中径线上对应两点间的距离，称为螺距，以 P 表示。同一条螺旋线上相邻两牙在中径线上对应两点间的轴向距离称为导程，以 P_h 表示。

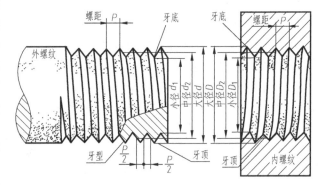

图 4-4　螺纹直径示意图

如图 4-5 所示，线数、螺距和导程三者之间的关系为

$$P_h = nP \tag{4-1}$$

（5）旋向　螺纹有右旋和左旋之分，如图 4-6 所示。当内、外螺纹旋合时，逆时针旋转旋入的螺纹称为左旋螺纹。顺时针旋转旋入的螺纹称为右旋螺纹。

一对内外螺纹只有牙型、公称直径、旋向、线数、螺距（导程）五个要素都一致才可以旋合。

3. 螺纹的分类

按照螺纹要素是否标准可分为标准螺纹、特殊螺纹和非标准螺纹。标准螺纹是指凡螺纹牙型、大径和螺距均符合标准的螺纹。特殊螺纹是指螺纹牙型符合标准，而大径、螺距不符合标准的螺纹。非标准螺纹是指螺纹牙型不符合标准的螺纹。

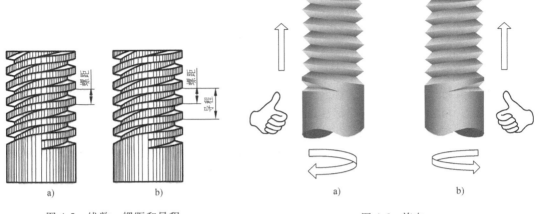

图 4-5 线数、螺距和导程
a）单线螺纹 b）双线螺纹

图 4-6 旋向
a）左旋 b）右旋

　　螺纹按照用途可分为连接螺纹和传动螺纹两类。连接螺纹起连接和紧固作用。常用的有普通螺纹和管螺纹。传动螺纹是用来传递动力或运动的，常用的有梯形螺纹和锯齿形螺纹。其中梯形螺纹牙型为等腰梯形，为最常用传动螺纹。常见螺纹的分类、特征代号、外形图及用途见表 4-1。

表 4-1 常见螺纹的分类、特征代号、外形图及用途

螺纹种类			特征代号	外形图	用途
连接螺纹	普通螺纹	粗牙	M		是最常用的连接螺纹
		细牙			用于细小的精密或薄壁零件
	管螺纹		G	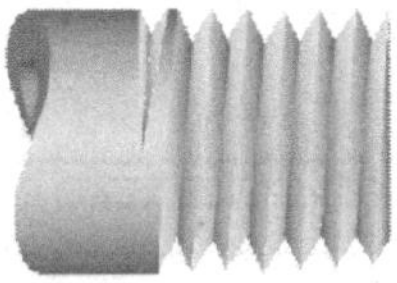	用于水管、油管、气管等薄壁管子上，用于管路的连接
传动螺纹	梯形螺纹		Tr	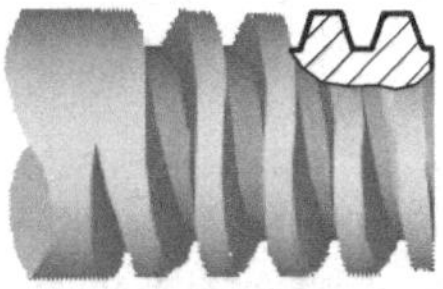	用于各种机床的丝杠，用于传动
	锯齿形螺纹		B	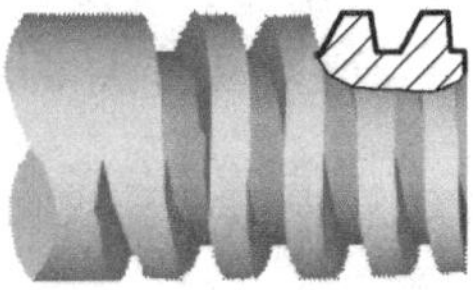	只能传递单方向的动力

4．常用螺纹的标注

由于各种螺纹的画法都是相同的，因此国家标准规定标准螺纹用规定的标记标注，并注在螺纹的公称直径上，以区别不同种类的螺纹。

1）普通螺纹代号标记由特征代号、尺寸代号（公称直径×螺距）、公差带代号及其他有必要做进一步说明的个别信息（旋合长度和旋向）组成。

如普通螺纹特征代号为 M；公称直径为螺纹大径，单线螺纹只标螺距，多线螺纹导程和螺距均需标出，粗牙普通螺纹省略标注螺距；公差带代号由表示其大小的公差等级数字和表示位置的字母所组成（内螺纹用大写字母，外螺纹用小写字母），若中径和大径公差带代号相同，只标注一个，内外螺纹旋合时，其公差带代号用斜线分开，如 6H/6g、6H/5g 等；旋合长度规定了短、中、长三种（代号分别为 S、N、L），在一般情况下其螺纹按中等长度确定而不标注旋合长度代号，必要时可标注 S 或 L；右旋不必标注旋向，左旋要注"LH"。旋合长度及旋向的标注方法也适用于管螺纹、梯形螺纹的标注。

例如：M10×1-7H-L-LH 表示内螺纹，细牙普通螺纹，大径为 10mm，螺距为 1mm，中径和顶径的公差带代号均为 7H，旋合长度为长旋合，左旋。

2）梯形螺纹的标注由螺纹特征代号、尺寸代号、公差带代号和旋合长度代号组成。

3）管螺纹的标注由螺纹特征代号、尺寸代号和公差等级代号组成。管螺纹必须采用指引线标注，指引线从大径线引出；公差等级只适用 55°非密封的外管螺纹，分为 A、B 两个精度等级。

例如：NPT 3/8-LH 表示 60°密封圆锥管螺纹，尺寸代号为 3/8，左旋。

5．螺纹的规定画法

螺纹的真实投影绘制繁琐，因此国家标准规定了螺纹的简化画法。

（1）标准内、外螺纹的规定画法　螺纹牙顶圆的投影用粗实线表示，即指外螺纹的大径线和内螺纹的小径线用粗实线表示。牙底圆的投影用细实线表示，即指外螺纹的小径线和内螺纹的大径线用细实线表示。一般近似地小径等于大径的 85%。倒角或倒圆部分也应画出。在投影为圆的视图上，表示牙底的细实线圆只画约 3/4 圈，轴或孔的倒角圆省略不画。螺纹终止线用粗实线表示。

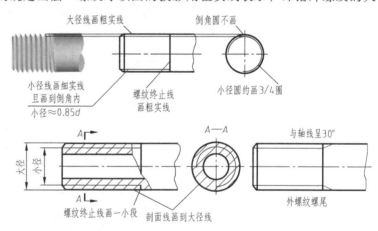

图 4-7　外螺纹的规定画法

不论是内螺纹还是外螺纹，其剖视图或断面图上的剖面线都必须画到粗实线。当需要表示螺纹收尾时，螺尾部分的牙底线与轴线呈 30°角。在绘制螺纹不通孔时，一般将钻孔深度与螺纹深度分别画出，且钻孔深度一般应比螺纹深度大 0.5D，D 为螺纹大径。外螺纹的规定画法如图 4-7 所示，内螺纹的规定画法如图 4-8 所示。

（2）标准螺纹连接的规定画法　用剖视图表示内、外螺纹的连接，其中旋合部分按外螺纹画法绘制，其余不旋合部分按各自的规定画。标准螺纹连接的规定画法如图 4-9 所示。注

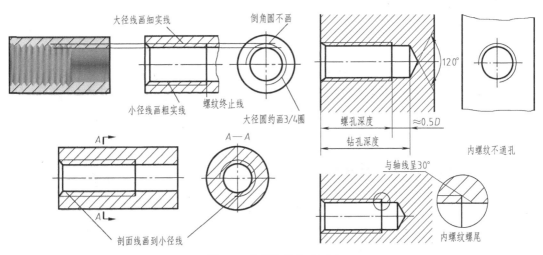

图4-8　内螺纹的规定画法

意保证大径线和大径线对齐，小径线和小径线对齐，因为只有结构要素相同的螺纹才能正确旋合在一起。当螺纹在图样上不可见时，其大径、小径均用虚线绘制。

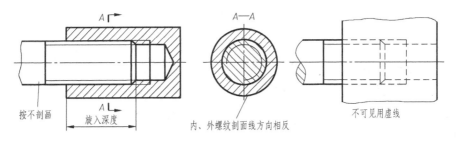

图4-9　标准螺纹连接的规定画法

（3）螺纹孔相贯的画法　当螺纹孔相贯时，只在钻孔和钻孔相交处画出相贯线。螺纹孔相贯的画法如图4-10所示。

（4）特殊螺纹和非标准螺纹的画法　特殊螺纹的绘制同标准螺纹。非标准螺纹因为其牙型不标准，所以必须画出牙型，其螺纹牙型的重合画法和移出局部放大画法如图4-11所示。

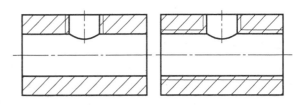

图4-10　螺纹孔相贯的画法

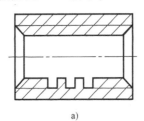

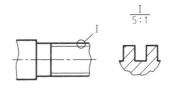

a)　　　　　　　　　　　　b)

图4-11　非标准螺纹的画法

a）重合画法　b）移出局部放大画法

4.1.2 螺纹连接件

1. 螺纹连接件种类

螺纹连接件的种类很多，其中最常见的有螺栓、双头螺柱、螺钉、螺母、垫圈等，如图4-12所示。这类零件的结构形式和尺寸都已经标准化。它们一般由标准件厂大量生产，使用单位可根据有关标准选用，在绘图时，可从相应标准手册中查阅结构尺寸。

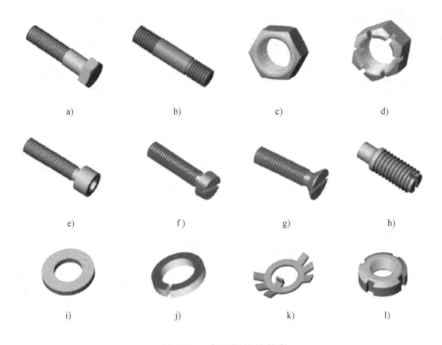

图 4-12　常用螺纹连接件

a）六角头螺栓　b）双头螺柱　c）六角螺母　d）六角开槽螺母　e）内六角螺钉　f）开槽螺钉
g）开槽沉头螺钉　h）紧定螺钉　i）平垫圈　j）弹簧垫圈　k）止动垫圈　l）圆螺母

2. 常用螺纹连接件的画法

（1）按比例画图　为了提高画图速度，螺纹连接件各部分尺寸都可按螺纹大径的一定比例画图，称为比例画法。采用比例画法时，螺纹连接件的有效长度 l 需按被连接件的厚度决定，并按实长画出。常见螺纹连接件的比例画法如图4-13所示。

（2）查表画法　根据其规定标记查阅有关标准，按标准规定的数据画出零件工作图，一般只有标准件生产厂才有必要这样画图。

3. 螺纹连接件的装配图画法

螺纹连接件连接的常见方式有螺栓连接、螺柱连接和螺钉连接三种，如图4-14所示。画螺纹紧固件连接图时，应遵守下列基本规定：两零件的接触面只画一条线，并不得特别加粗；凡不接触表面，无论间隔多小都要画成两条线；在剖视图中，相邻两零件的剖面线方向应相反，无法做到时应互相错开；同一零件在各个视图上的剖面线方向、间隔应相同；当剖切平面通过螺纹紧固件的轴线时，这些零件都按不剖画出外形，不画剖面线，但如果垂直其轴线剖切，则按剖视要求画出。

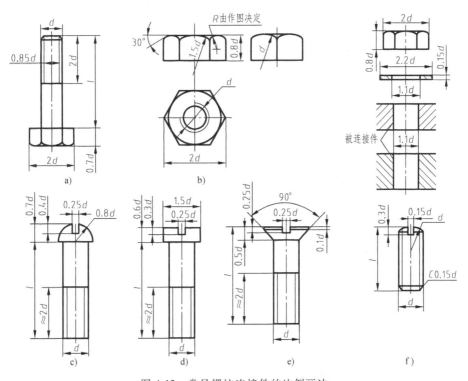

图 4-13 常见螺纹连接件的比例画法

a) 六角头螺栓 b) 六角头螺母 c) 开槽圆头螺钉

d) 开槽圆柱头螺钉 e) 沉头螺钉 f) 紧定螺钉

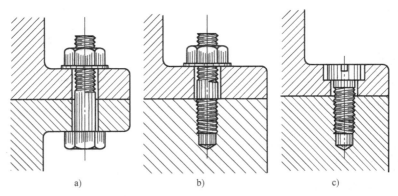

图 4-14 螺纹连接件连接方式

a) 螺栓连接 b) 螺柱连接 c) 螺钉连接

（1）螺栓连接比例画法 螺栓连接一般用来连接两个或两个以上不太厚的零件，用于通孔且需要较大的连接力。螺栓连接时穿过两零件的光孔，放置垫片，用螺母固定。垫圈在其中起到增加支撑面面积和防止损伤被连接件的作用。

螺栓连接如图 4-15 所示，图中两块板的剖面线方向相反；螺栓、垫圈、螺母按不剖画；被连接件的孔径为 $1.1d$（d 为螺栓螺纹大径），螺栓的有效长度为

$$l \geqslant \delta_1 + \delta_2 + h + m + a \tag{4-2}$$

式中 δ_1、δ_2——两连接件的厚度；

h——垫圈厚度；

m——螺母厚度；

a——螺栓伸出螺母外长度，一般取 $a=(0.2\sim0.3)d$。

根据螺栓的标记查出相应标准尺寸，选取相近的标准公称长度值。

（2）双头螺柱连接比例画法　当两个被连接件中，有一个连接件较厚，加工通孔有困难，且要求连接力较大，常用双头螺柱连接。其中较薄零件加工成通孔。螺柱连接时，旋入端全部旋入被连接零件中，另一端通过被连接件光孔，放置垫片，用螺母固定。

双头螺柱连接如图 4-16 所示，旋入端的长度 b_m 与机体材料有关，例如当机体材料为钢等硬材料时，选用 $b_\mathrm{m}=d$ 的螺柱；材料为铸铁时，选用 $b_\mathrm{m}=1.25d$ 的螺柱。绘制时旋入端的螺纹终止线应与接合面平齐。双头螺柱的公称长度 l 是指双头螺柱上无螺纹部分长度与拧螺母侧螺纹长度之和，而不是双头螺柱的总长，由图 4-16 可看出：

$$l\geqslant\delta+h+m+a \tag{4-3}$$

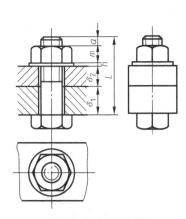

图 4-15　螺栓连接

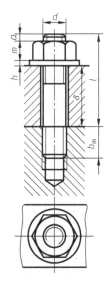

图 4-16　双头螺柱连接

（3）螺钉连接与紧定螺钉连接的比例画法　螺钉用于受力不大的零件之间的连接。连接时螺钉旋入零件的螺孔中，不需使用螺母。

螺钉连接如图 4-17 所示，连接部分画法与螺柱拧入金属端的画法接近，但螺钉的螺纹终止线应画在被旋入螺纹零件顶面投影线上。螺钉旋入深度 b_m 与螺柱相同，螺钉的长度为

$$l\geqslant b_\mathrm{m}+\delta \tag{4-4}$$

同样根据螺钉的标记查出相应标准尺寸，选取一个相近的标准公称长度值。

紧定螺钉连接一般用于被连接件中有一个较厚，又不需要经常拆装的场合，常起到定位、防止松动及

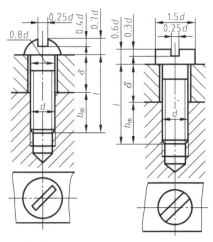

图 4-17　螺钉连接

受力较小的作用。紧定螺钉连接如图 4-18 所示。

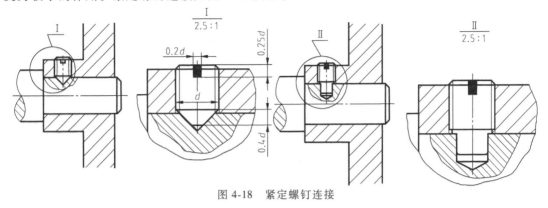

图 4-18 紧定螺钉连接

4.2 键、销和滚动轴承

4.2.1 键及其连接

键主要用于连接轴和装在轴上的转动零件（如齿轮、带轮等），起传递转矩的作用。键的种类有很多，常用的有普通平键、半圆键、钩头楔键。键的种类和标记见表 4-2，其中普通平键应用最广。键是标准件，所以在画图和选用时可按有关标准查得相应的尺寸及结构。

表 4-2 键的种类和标记

	图例	标记示例
普通平键 GB/T 1096—2003		$b=8mm$、$h=7mm$、$L=25mm$ 的普通 A 型平键： GB/T 1096 键 8×7×25
半圆键 GB/T 1099.1—2003		$b=6mm$、$h=10mm$、$D=25mm$ 的普通型半圆键： GB/T 1099.1 键 6×10×25
钩头型楔键 GB/T 1565—2003		$b=18mm$、$h=11mm$、$L=100mm$ 的钩头型楔键： GB/T 1564 键 18×100

普通键和半圆键的连接作用原理相似，半圆键用于载荷不大的传动轴上。在绘制时两种键的两侧面是工作平面，键与键槽间不留间隙，所以只画一条线，键顶面非工作平面，键与轮毂上键槽顶面间应有空隙，应画两条线，在反映键长方向的剖视图中，轴采用局部剖视，键按不剖画出。平键连接画法如图 4-19 所示。半圆键连接画法如图 4-20 所示。钩头型楔键的顶面有 1∶100 的斜度，将键打入键槽，因此键顶面、底面和两个侧面都为工作面，与键槽接触时不留间隙，都只画一条线，如图 4-21 所示。

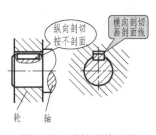

图 4-19 平键连接画法

键与键槽配合，键为标准件，所以键槽的宽度 b 可根据轴的直径 d 查表确定，轴上的槽深 t_1 和轮毂上的槽深 t_2 可以分别从键的标准中查得，键的长度 L 应小于或等于轮毂的长度。

键槽的画法和尺寸标注如图 4-22 所示。

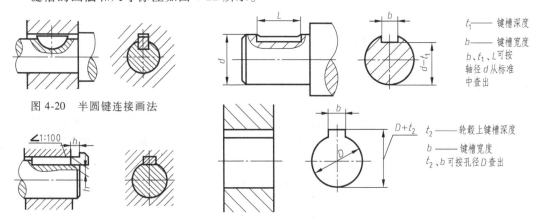

t_1 —— 键槽深度

b —— 键槽宽度

b、t_1、L 可按轴径 d 从标准中查出

图 4-20 半圆键连接画法

图 4-21 钩头型楔键连接画法

t_2 —— 轮毂上键槽深度

b —— 键槽宽度

t_2、b 可按孔径 D 查出

图 4-22 键槽画法及尺寸标注

4.2.2 销及其连接

销用于机器零件之间的连接或定位，有时也传递一定的动力。常见销的种类有圆柱销、圆锥销和开口销等。销的形式和标记示例见表 4-3。

表 4-3 销的形式和标记示例

圆柱销 GB/T 119—2000	图　例	标注示例	说　明
		公称直径 $d = 8$mm，公差为 m6，公称长度 $L = 30$mm，材料为钢，不经淬火、不经表面处理的圆柱销： 　销 GB/T 119.1　8 m6×30	圆柱销按材料不同，分为不淬硬钢和奥氏体不锈钢圆柱销以及淬硬钢和马氏体不锈钢圆柱销
圆锥销 GB/T 117—2000		公称直径 $d = 10$mm，公称长度 $l = 60$mm，材料为 35 钢，热处理硬度 28～38HRC，表面氧化处理的 A 型圆锥销： 　销 GB/T 117　10×60	圆锥销按表面加工要求不同，分为 A、B 两种形式。公称直径指小端直径

（续）

开口销 GB/T 91—2000	图　例	标注示例	说　明
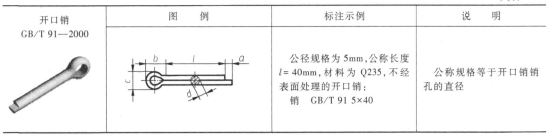		公径规格为 5mm，公称长度 l=40mm，材料为 Q235，不经 表面处理的开口销： 　销　GB/T 91 5×40	公称规格等于开口销销 孔的直径

销连接的画法如图 4-23 所示。当剖切面通过销的轴线时，销按不剖绘制，轴取局部剖，如图 4-23a 所示。销孔一般要在被连接零件装配后同时加工，这一要求需在相应的零件图上注明，如图 4-23b 所示。带销孔螺杆和槽形螺母用开口销锁紧防松的连接画法如图 4-23c 所示。

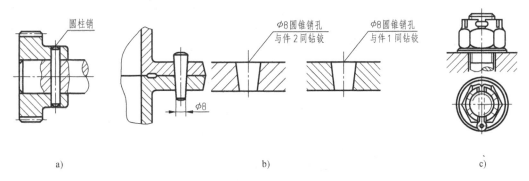

a)　　　　　　　　　　　　b)　　　　　　　　　　　　c)

图 4-23　销连接的画法

a）圆柱销连接　b）圆锥销连接　c）开口销连接

4.2.3　滚动轴承

滚动轴承是机器中广泛地应用于支承旋转轴的一种部件，具有结构紧凑、摩擦力小，能在较大的载荷、转速及较高精度范围内工作等优点，它们的规格、形式很多，但都已标准化，可根据使用要求选用。轴承是标准部件，由外圈、内圈、滚动体和保持架组成，如图 4-24 所示。一般情况下，轴承外圈装在机体孔内，内圈套在轴上，外圈不动，内圈随轴转动。滚动轴承根据承受载荷方向不同分为三类：向心轴承，适用于承受径向载荷；向心推力轴承，适用于同时承受径向载荷和轴向载荷；推力轴承，适用于承受轴向载荷，如图 4-25 所示。

1. 滚动轴承的代号

滚动轴承代号是用字母加数字表示滚动轴承的结构、尺寸、公差等级、技术性能等特征的产品符号。滚动轴承代号按顺序由基本代号、前置代号、后置代号构成。前置、后置代号是轴承在结构形状、尺寸、公差、技术要求等有改变时，在基本代号上添加的补充说明。

基本代号由轴承类型代号、尺寸系列代号和内径代号构成，从左往

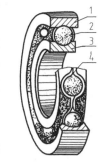

图 4-24　轴承结构

1—外圈　2—滚动体
3—内圈　4—保持架

a)   b)   c)

图 4-25　滚动轴承

a）向心轴承　b）向心推力轴承　c）推力轴承

右依次为轴承类型代号（见表 4-4）、尺寸系列代号和内径代号。

表 4-4　滚动轴承的类型代号

代　　号	轴　承　类　型
0	双列角接触球轴承
1	调心球轴承
2	调心滚子轴承和推力调心滚子轴承
3	圆锥滚子轴承
4	双列深沟球轴承
5	推力球轴承
6	深沟球轴承
7	角接触球轴承
8	推力圆柱滚子轴承
N	圆柱滚子轴承
	双列和多列用字母 NN 表示
QJ	四点接触球轴承
C	长弧面滚子轴承（圆环轴承）

　　尺寸系列代号由轴承的宽（高）度系列代号（一位数字）和直径系列代号（一位数字）左右排列组成。它反映了同种轴承在内圈孔径相同时内、外圈的宽度、厚度的不同及滚动体大小不同。显然，尺寸系列代号不同的轴承其外廓尺寸不同，承载能力也不同。

　　尺寸系列代号有时可以省略：除圆锥滚子轴承外，其余各类轴承宽度系列代号"0"均省略；深沟球轴承和角接触球轴承的 10 尺寸系列代号中的"1"可以省略；双列深沟球轴承的宽度系列代号"2"可以省略。

　　例如：轴承代号 N2210，轴承代号释义如图 4-26 所示。

　　2. 滚动轴承的画法

　　滚动轴承是标准件，不需要画零件图，在装配图中可根据国家标准所规定的画法或特征画法表示，通常采用简化画法（比例画法）。轴承内径 d、外径 D、宽度 B 等重要尺寸根据轴承代号在画图前查标准确定。装配图中需详细表达轴承的主要结构时，可采用规定画法。当一侧采用规定画法，则另一侧用通用画法画出。如只需简单表达滚动轴承的主要结构时，用特征画法。如不需要确切地表示滚动轴承的外形轮廓、载荷特征、结构特征时，可采用通用画法。深沟球轴承画法如图 4-27 所示。

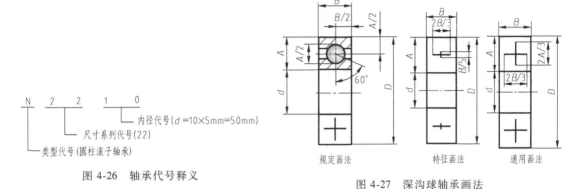

图 4-26　轴承代号释义

图 4-27　深沟球轴承画法

4.3　常用件

4.3.1　齿轮

　　齿轮传动是机械中应用最广泛的一种传动形式，利用它可将一根轴的旋转运动传递到另一根轴上，同时改变转速和旋转方向。齿轮传动具有瞬时传动比恒定，传动效率较高，例如一对闭式渐开线圆柱齿轮的传动效率可达到 0.96～0.995，工作可靠，寿命较长，结构紧凑，适用于近距离传动，可实现平行轴、任意角相交轴之间的传动等特点，是传动中的重要组成部分，在各个工业部门中被广泛应用。

　　按照两轴的相对位置和齿向可将齿轮传动分为：

　　平面齿轮传动：两轴平行的齿轮传动，例如圆柱齿轮传动，如图 4-28a 所示。

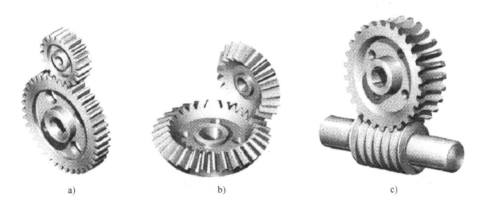

图 4-28　齿轮传动种类

a）圆柱齿轮传动　b）锥齿轮传动　c）蜗轮蜗杆传动

　　空间齿轮传动：两轴不平行的齿轮传动，又分为锥齿轮传动和蜗轮蜗杆传动。其中锥齿轮传动是两轴相交的齿轮传动（图 4-28b），蜗轮蜗杆传动是两轴相错的齿轮传动

（图 4-28c）。

1. 圆柱齿轮

圆柱齿轮是齿轮类型中应用最普遍的一种齿轮样式，根据轮齿的方向可分为直齿圆柱齿轮、斜齿圆柱齿轮和人字齿圆柱齿轮。此处介绍基本的直齿圆柱齿轮。

（1）直齿圆柱齿轮各部分名称及有关参数　齿轮参数示意图如图 4-29 所示，各参数及其意义如下：

1）齿顶圆直径 d_a——通过齿轮各齿顶的圆柱体直径。

2）齿根圆直径 d_f——通过齿轮各齿槽底部的圆柱体直径。

3）分度圆直径 d——在齿顶圆与齿根圆之间的一个约定的假想圆柱体直径，对于标准齿轮，是齿厚与槽宽相等处的一个圆。分度圆是齿轮设计和加工时计算尺寸的基准圆。

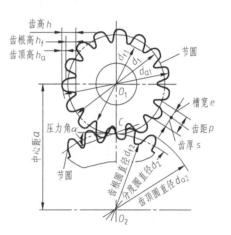

图 4-29　齿轮参数示意图

4）齿距 p——分度圆上相邻两齿对应点之间的弧长，称为齿距。分度圆上齿距 p、齿厚 s 与槽宽 e 之间的关系为

$$p=s+e \text{ 或 } s=e=p/2 \tag{4-5}$$

5）齿顶高 h_a——齿顶圆与分度圆之间的径向距离。

6）齿根高 h_f——分度圆与齿根圆之间的径向距离。

7）齿高 h——齿根圆与齿顶圆之间的径向距离，与齿顶高和齿根高的关系为

$$h=h_a+h_f \tag{4-6}$$

8）中心距 a——两啮合齿轮轴线之间的距离：

$$a=(d_1+d_2)/2 \tag{4-7}$$

式中　d_1、d_2——两啮合齿轮的分度圆直径。

9）压力角 α——两齿轮啮合时，在节点 C 处两齿廓的公法线与两轮中心连线的垂线之间的夹角。标准渐开线齿轮的压力角 $\alpha=20°$。

10）齿数 z——齿轮上轮齿的个数，设计时根据传动比确定。

11）模数 m——齿轮设计的重要参数。模数是这样引出的，分度圆的周长 L 为

$$L=\pi d=pz \tag{4-8}$$

因此，$d=pz/\pi$，令 $p/\pi=m$，得到

$$d=mz \tag{4-9}$$

式中　m——模数（mm），国家标准规定了一系列标准模数值。

直齿圆柱齿轮各参数的计算见表 4-5。

（2）直齿圆柱齿轮的画法

1）单个圆柱齿轮的画法。单个圆柱齿轮画法如图 4-30 所示，齿顶圆画粗实线，分度圆画细点画线，齿根圆在剖视图中画粗实线，在左视图中画细实线或省略不画；在非圆投影的剖视图中轮齿部分不画剖面线。

表 4-5　直齿圆柱齿轮各参数的计算

基本参数:模数 m,齿数 z,压力角 $\alpha = 20°$

序号	各部分名称	符号	计算公式
1	齿距	p	$p = \pi m$
2	齿顶高	h_a	$h_a = m$
3	齿根高	h_f	$h_f = 1.25m$
4	齿高	h	$h = 2.25m$
5	分度圆直径	d	$d = mz$
6	齿顶圆直径	d_a	$d_a = m(z+2)$
7	齿根圆直径	d_f	$d_f = m(z-2.5)$
8	中心距	a	$a = m(z_1 + z_2)/2$

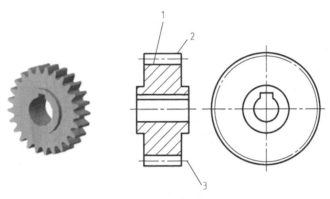

图 4-30　单个圆柱齿轮的画法

1—齿根圆　2—齿顶圆　3—分度圆

2）两圆柱齿轮啮合的画法。两圆柱齿轮啮合的画法如图 4-31 所示,在非圆投影的剖视图中,两轮节线重合,画细点画线;齿根线画粗实线;齿顶线画法为一个轮齿为可见,画粗实线,一个轮齿被遮住,画虚线;在投影为圆的视图中,两轮节圆相切,齿顶圆画粗实线,齿根圆画细实线或省略不画(标准齿轮的节圆=分度圆)。

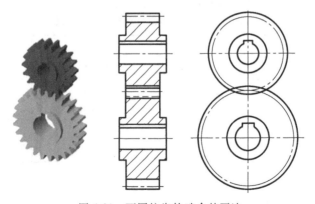

图 4-31　两圆柱齿轮啮合的画法

3）齿轮工程图的绘制。图 4-32 所示为直齿圆柱齿轮的工程图，图中除具有一般零件图的内容外，齿顶圆直径、分度圆直径必须直接注出，齿根圆直径规定不注；并在图样右上角画出参数表，应注写清楚齿轮模数、齿数、压力角、精度等级的基本参数。

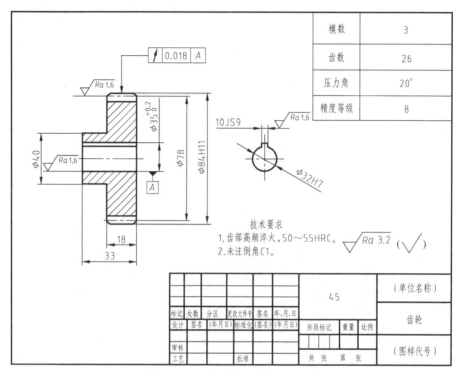

图 4-32　直齿圆柱齿轮的工程图

2. 直齿锥齿轮

锥齿轮通常用于垂直相交两轴之间的传动。由于轮齿位于圆锥面上，因此锥齿轮的轮齿一端大，另一端小，齿厚是逐渐变化的，直径和模数也随着齿厚的变化而变化。规定以大端的模数为标准值，用它决定轮齿的有关尺寸。一对锥齿轮啮合也必须有相同的模数。

（1）直齿锥齿轮各部分名称及尺寸计算　锥齿轮各部分几何要素的尺寸也都与模数、齿数及分度圆锥角有关，其各部分的名称及尺寸计算见表 4-6。

表 4-6　直齿锥齿轮各部分名称及尺寸计算

名称及代号	公式	名称及代号	公式
分度圆锥角 δ		大端齿根高 h_f	$h_f = 1.2 m_e$
大端端面模数 m_e		大端齿高 h	$h = h_a + h_f = 2.2 m_e$
大端分度圆直径 d	$d = m_e z$	分度圆锥母线长 L	$L = m_e z \sin\delta/2$
大端齿顶圆直径 d_0	$d_0 = m_e(z + 2\cos\delta)$	齿宽 b	$b \leq L/3$
大端齿顶高 h_a	$h_a = m_e$		

（2）直齿锥齿轮画法

1）锥齿轮的画法：一般用主、左两视图表示，主视图画成剖视图，在投影为圆的左视图中，用粗实线表示齿轮大端和小端的齿顶圆，用点画线表示大端的分度圆，不用画齿根圆，如图 4-33 所示。

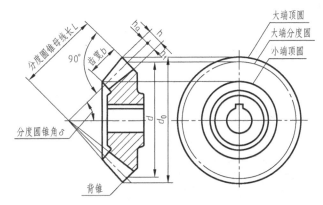

图 4-33　锥齿轮的画法

2）锥齿轮啮合的画法：如图 4-34 所示，主视图画成剖视图，其节线重合，画成点画线；在啮合区内，应将其中一个齿轮的齿顶线画成粗实线，而将另一个齿轮的齿顶线画成虚线或省略不画；左视图画成外形视图。对于标准齿轮来说，节圆锥面和分度圆锥面、节圆和分度圆是一致的。

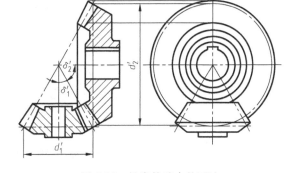

图 4-34　锥齿轮啮合的画法

3. 蜗杆和蜗轮

蜗杆和蜗轮用于垂直交错两轴之间的传动，通常蜗杆是主动的，蜗轮是从动的。蜗杆、蜗轮的传动比大，结构紧凑，但效率低。

（1）蜗轮和蜗杆各部分名称及尺寸计算　见表 4-7。

表 4-7　蜗轮和蜗杆各部分名称及尺寸计算

名　　称	计　算　公　式	
	蜗杆	蜗轮
齿顶高	$h_{a1} = m$	$h_{a2} = m$
齿根高	$h_{f1} = 1.2m$	$h_{f2} = 1.2m$
分度圆直径	$d_1 = mq$	$d_2 = mz_2$
齿顶圆直径	$d_{a1} = (q+2)m$	$d_{a2} = (z_2+2)m$
齿根圆直径	$d_{f1} = d_1 - 2h_{f1}$	$d_{f2} = d_2 - 2d_{f2}$
蜗杆分度圆柱的导程角	$\lambda = \arctan(z_1/q)$	
蜗轮分度圆上齿轮的螺旋角		$\beta = \lambda$
中心距	$a = m(q+z_2)/2$	
蜗杆轴向齿距	$p_x = \pi m$	
顶隙	$c = 0.2m$	

（2）蜗轮和蜗杆的画法

1）蜗杆和蜗轮画法。

蜗杆和蜗轮的画法与圆柱齿轮基本相同，但是在蜗轮投影为圆的视图中，只画出分度圆和最外圆，不画齿顶圆与齿根圆。在外形视图中，蜗杆的齿根圆和齿根线用细实线绘制或省略不画，如图4-35所示。

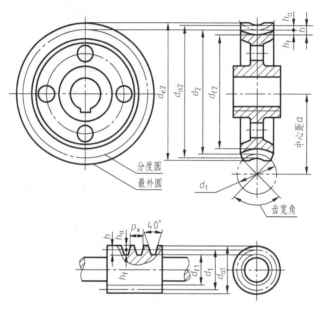

图4-35　蜗轮和蜗杆的画法

2）蜗轮和蜗杆啮合的画法。蜗轮被蜗杆遮住的部分不必画出；在左视图中，蜗轮的分度圆和蜗杆的分度线相切，如图4-36所示。

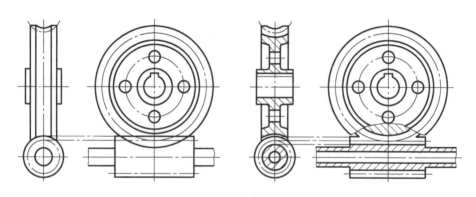

图4-36　蜗轮和蜗杆啮合的画法

4.3.2　弹簧

弹簧是重要的机械零件之一，从大的机器到小的仪器仪表，从万吨游轮到儿童玩具，几乎各种机械设备都离不开弹簧或弹性元件。弹簧可定义为一个弹性体，它的主要功能是在外载荷作用下或吸收能量时，自身产生很大的变形，卸除载荷后，仍能恢复到原来的形状，因此它一般用作减振、复位、夹紧、测力和储能等。

1. 弹簧的种类

根据弹簧的材料不同，弹簧可分为金属弹簧和非金属弹簧。金属弹簧的使用范围广泛，在整个弹簧中占有很大的市场。当然一些非金属弹簧，因其材料的特殊性也用在一些专用场合中，例如空气弹簧（流体弹簧的一种）可以利用高度控制阀系统，使其高度在任何载荷下保持不变，且调节方便，因此在汽车和铁路机车车辆上得到广泛应用。

根据弹簧的几何形状不同分类是最常用的方法，可分为螺旋弹簧、片类弹簧、涡卷弹簧（图 4-37d）、板弹簧（图 4-37e）等。

螺旋弹簧是最为广泛使用的机械弹簧，分为三种形式：压缩弹簧（图 4-37a）、拉伸弹簧（图 4-37b）和扭转弹簧（图 4-37c）。其中压缩弹簧是螺旋弹簧中制造比重最大的一种弹簧，因此本书以此为例展开叙述。

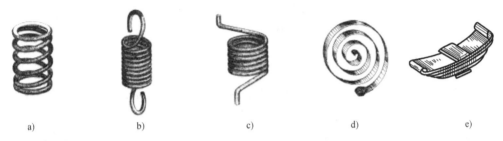

a)　　　　　b)　　　　　c)　　　　　d)　　　　　e)

图 4-37　常用弹簧的种类

a）压缩弹簧　b）拉伸弹簧　c）扭转弹簧　d）涡卷弹簧　e）板弹簧

2. 弹簧各部分名称和尺寸计算

圆柱螺旋压缩弹簧的要素如图 4-38 所示。

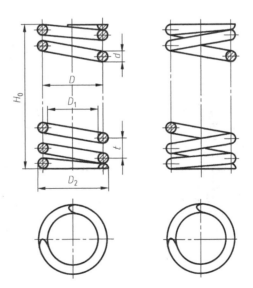

图 4-38　圆柱螺旋压缩弹簧的要素

d—材料直径　D_2—弹簧外径　D_1—弹簧内径　D—弹簧中径 $D = D_2 - d$　t—弹簧节距

（1）有效圈数 n　保持节距相等参加工作的圈数（计算弹簧刚度时的圈数）。

（2）支承圈数 n_z　弹簧端部用于支承或固定的圈数。

（3）总圈数 n_1　有效圈数与支承圈数之和，即

$$n_1 = n + n_z \tag{4-10}$$

（4）自由高度 H_0

$$H_0 = nt + (n_z - 0.5)d \tag{4-11}$$

（5）弹簧展开长度 L

$$L = n_1 \sqrt{(\pi D)^2 + t^2} \tag{4-12}$$

3. 弹簧的画法

（1）螺旋弹簧的规定画法（图4-39）

1）在平行于轴线的投影面上，弹簧各圈的轮廓线画成直线。

2）左旋弹簧允许画成右旋，但要加注"左"字。

3）四圈以上的弹簧，中间各圈可省略不画，而用通过中径线的点画线连接起来。

4）弹簧两端的支承圈，不论多少，都按图4-39中形式画出。

5）作图过程可先根据 D、H_0 画矩形，然后画出支承圈部分的圆和半圆，其直径＝材料直径 d，再画出有效圈部分的圆，接着按右旋方向作相应圆的公切线，最后加深并画剖面线，其结果如图4-39所示。

（2）装配图中弹簧的画法　材料直径≤2mm，其断面可用涂黑表示（图4-40a）；材料直径<1mm，则可采用示意画法（图4-40b）。

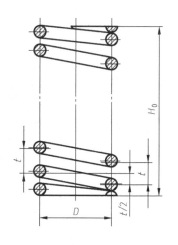

图4-39　螺旋弹簧的规定画法

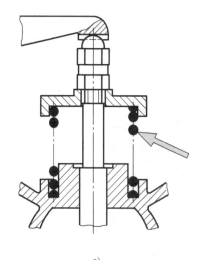

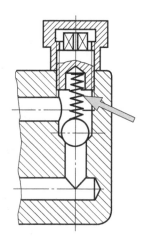

a)　　　　　　　　　　　　　　　b)

图4-40　装配图中弹簧的画法

a）材料直径≤2mm 的断面　b）材料直径<1mm

弹簧各圈取省略画法后，其后面被挡住的结构一般不画，如图 4-41 中左侧箭头所示。其可见轮廓线只画到弹簧钢丝的断面轮廓或中心线处，如图 4-41 中右侧箭头所示。

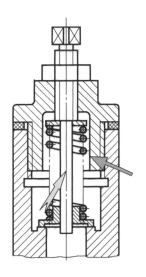

图 4-41　弹簧的省略画法

第5章

无碳小车典型零件三维建模

5.1 CATIA 三维建模概述

现代设计与制造已经离不开三维 CAD 技术，因此将三维建模引入工程制图是大势所趋，CATIA 零件设计工作台中常用工具条有："基于草图的特征""修饰特征""变换特征""布尔操作""基于曲面的特征"等，如图 5-1 所示。其中使用频率最高是"基于草图的特征""修饰特征"和"变换特征"工具条。简述如下：

（1）"基于草图的特征"工具条　该工具条是用来借助草图中所建立的二维草绘轮廓经过特定的操作后形成三维实体（图 5-1a），其中有下拉三角符号▼的，表明有子工具条。例如：左起第一个"凸台"是指根据草图轮廓沿某一方向拉伸一定的长度得到实体的特征，它包含子工具条，展开后，三种凸台的创建方法分别对应三个图标。

（2）"修饰特征"工具条　该工具条是为了满足实际工程中一些制造工艺、外形修饰等要求而配置的一些修饰特征（图 5-1b），如添加圆角、倒边、抽壳等操作，其中"圆角"也包含子工具条，表明有多种创建圆角的方法。

（3）"变化特征"工具条　该工具条是根据模型中已有的零件实体特征，进行一系列的

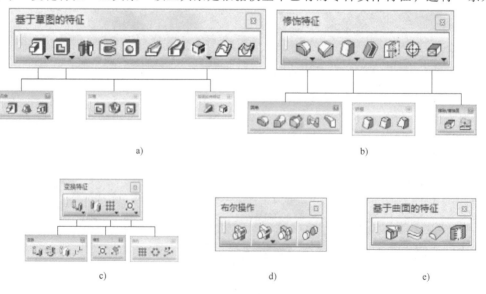

a)　b)

c)　d)　e)

图 5-1　三维建模常用工具条

a) 基于草图的特征　b) 修饰特征　c) 变化特征　d) 布尔操作　e) 基于曲面的特征

变化操作来改变实体的形状、大小或位置的（图5-1c），如平移、镜像、阵列等操作。

CATIA 三维建模离不开二维草图，它是三维建模的基础，三维特征都是从二维草图转变而来的，二维草图是在 CATIA 草绘工作台中完成的，其常用工具条有"草图工具""轮廓""操作"和"约束"等，简述如下：

（1）"草图工具"工具条　该工具条主要完成构造线和实线的切换，如图5-2a所示。

（2）"轮廓"工具条　该工具条主要完成图形轮廓的绘制，如图5-2b所示。

（3）"操作"工具条　该工具条主要用于在完成部分轮廓的基础上进行倒角、镜像、对称、旋转、投影等操作，如图5-2c所示。

（4）"约束"工具条　该工具条主要用于标注草图尺寸以及控制草图中各元素之间的诸如同轴、对称、水平、垂直等几何约束，如图5-2d所示。

图 5-2　草绘工作台中的常用工具条

a）草图工具　b）轮廓　c）操作　d）约束

通过上述零件设计工作台和草绘工作台中的这些常用工具条能完成基础的零件建模，本章将以无碳小车典型零件的建模过程来重点介绍这些工具条中的常用图标。

5.2　环套类零件——无碳小车轴承套

环套类零件一般起轴向定位、径向过渡等作用，多为回转体。因此，其主体可用旋转命令完成，然后辅以凹槽、打孔等操作完成零件的三维模型构建。以无碳小车轴承套零件为例介绍环套类零件的建模过程，其工程图如图5-3所示。

具体步骤如下：

1. CATIA V5 软件的启动

双击桌面图标，运行 CATIA 软件，进入主界面。

2. 新建文件

单击"新建"图标或选择菜单栏中的"文件"|"新建"，弹出"新建"对话框（图5-4a），在"类型列表"列表框中选择"Part"文件类型，单击"确定"按钮，弹出"新建零件"对话框（图5-4b），在"输入零件名称"栏中输入零件名为"chelunzhouchengzhoutao"，单击"确定"按钮，进入零件设计工作台。

3. 建立实体特征

（1）构建旋转体

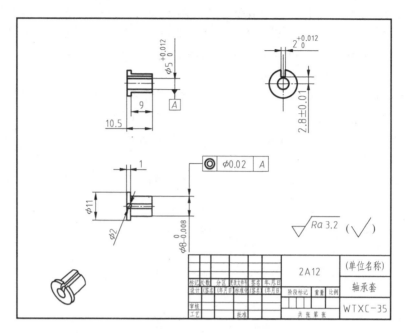

图 5-3　无碳小车轴承套工程图

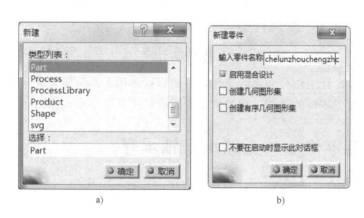

图 5-4　新建文件

a）"新建"对话框　b）"新建零件"对话框

1）进入草绘工作台。在结构树上选取 XY 平面作为草图绘制平面，单击"操作"工具栏区的"草图"图标，进入草绘工作台，如图 5-5 所示。

2）绘制草绘轮廓线。单击"轮廓"工具条下的"轮廓"图标，绘制零件二维轮廓线，再单击"约束"工具条下的"约束"图标进行二维轮廓的尺寸约束标注（图 5-6），单击"操作"工具栏区的"退出草图工作台"图标，退出草图，返回至零件设计工作台。

3）构建旋转体。单击"基于草图的特征"工具条下的"旋转体"图标，弹出"定义旋转体"对话框（图 5-7），选择"草图 1"二维轮廓作为旋转体轮廓，第一角度：360°，第二角度：0°，单击"确定"按钮，完成旋转体特征的构建，如图 5-8 所示。

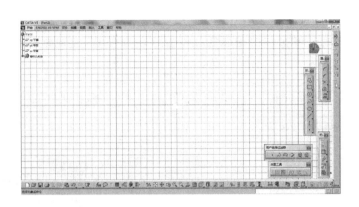

图 5-5　草图工作台

（2）构建凹槽 1

1）绘制槽草图。选取图 5-9 所示的旋转体底面为槽特征草图绘制参考平面，单击"轮廓"工具条下的"矩形"图标■或选择菜单栏中的"插入"｜"轮廓"｜"预定义轮廓"｜"矩形"，绘制槽特征的二维轮廓线，如图 5-10 所示。单击操作工具栏区的"退出草图工作台"图标△，退出草图，返回至零件设计工作台。

2）构建凹槽 1。单击"基于草图的特征"工具条下的"凹槽"图标■，弹出"定义凹槽"对话框（图 5-11），进行凹槽参数设置，单击"确定"按钮，完成凹槽的构建，如图5-12 所示。

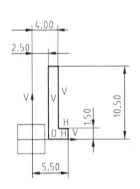

图 5-6　草图 1

图 5-7　"定义旋转体"对话框

图 5-8　旋转体

图 5-9　旋转体底面为参考平面

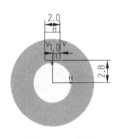

图 5-10　草图

（3）构建凹槽 2　参照上述 3 中（1）、（2）步骤，以图 5-13 所示面为草图绘制面，绘制"草图 3"（图 5-14），并进行凹槽参数的设置（图 5-15），完成轴承套零件的建模（图 5-16）。

图 5-11　"定义凹槽"对话框

图 5-12　构建凹槽后的实体

图 5-13　草图绘制面

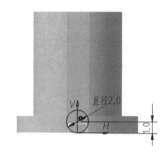

图 5-14　草图 3

图 5-15　"定义凹槽"对话框

图 5-16　承轴套

5.3　板类零件——无碳小车底盘

板类零件一般是安装基准，同时起支承作用，其外形轮廓各不相同。因此，在绘制轮廓草图时需要将外形及特殊结构绘制完成后，再通过"凸台"图标完成主体，如果有安装孔或工艺孔则通过"打孔"等操作完成零件的三维模型构建。以无碳小车底板为例介绍板类零件的建模过程，其工程图如图5-17所示。

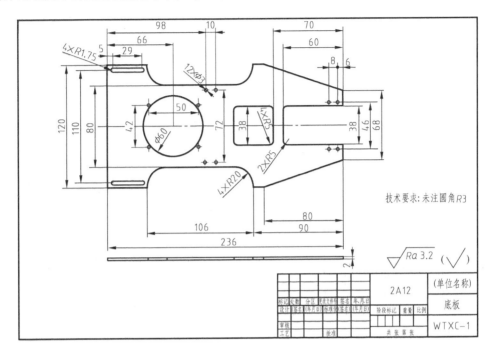

图5-17　无碳小车底板工程图

具体步骤如下：

1. CATIA V5软件的启动

双击桌面图标 ，运行CATIA软件，进入主界面。

2. 新建文件

按照5.2节中新建文件的方法新建文件名为"diban"的三维零件，并进入零件设计工作台。

3. 建立实体特征

1）进入草绘工作台。

2）绘制草图前先分析草图，此草图属于对称图形，运用对称功能可显著提高绘图效率。单击"轮廓"工具条下的"轮廓"图标 ，以Y轴为对称轴绘制右边零件"轮廓1"（图5-18）；单击"操作"工具条下的"镜像"图标 ，以绘制与Y轴重合的构造轴为对称轴得到完整的"轮廓2"（图5-19）；单击"轮廓"工具条下的"矩形"图标 绘制矩形，单击"操作"工具条下的"圆角"图标 画矩形倒角；单击"轮廓"工具条下的"圆"图标 绘制草图中的大圆（图5-20）。完成轮廓草图后退出草绘工作台。

3）构建凸台。单击"凸台"工具条下的"凸台"图标 ，弹出"定义凸台"对话框（图5-21），"轮廓/曲面"项选择"草图1"，"类型"项选择"尺寸"，"长度"为"2mm"，单击"确定"按钮，完成凸台的构建，如图5-22所示。

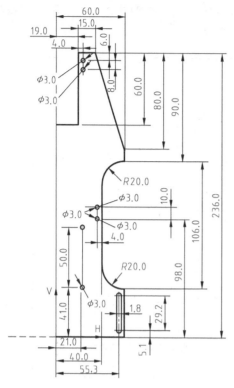

图 5-18　轮廓 1

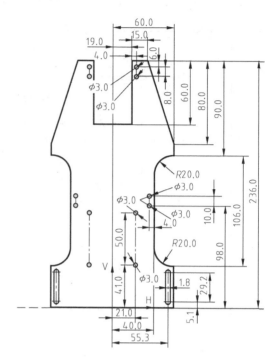

图 5-19　轮廓 2

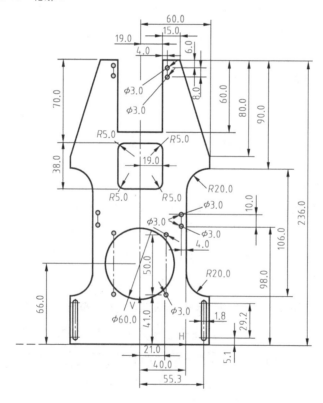

图 5-20　草图 1

图 5-21 "定义凸台"对话框

图 5-22 底盘

底盘的安装孔都在轮廓草图中绘制完成,通过凸台拉伸一次性建模完成,也可以单独使用"打孔"图标完成这些孔的建模。

5.4 轴类零件——无碳小车后轮轴

轴类零件一般用来支承传动零部件、传递转矩和承受载荷,多为回转体。因此,其主体可用"旋转"图标完成,也可用"凸台"图标,其他特殊结构可使用"凸台""切除""孔""镜像"等图标完成。以无碳小车轴类零件为例介绍轴类零件的建模过程,其工程图如图 5-23 所示。

具体步骤如下:

1. CATIA V5 软件的启动

双击桌面图标 ,运行 CATIA 软件,进入主界面。

2. 新建文件

按照 5.2 节中新建文件的方法新建文件名为"zhou"的三维零件,并进入零件设计工作台。

3. 建立实体特征

(1)构建凸台

1)进入草绘工作台:在结构树上选取 XY 平面作为草图绘制平面,单击"操作"工具栏中的"草图"图标 进入草绘工作台。以 XY 坐标原点为圆心绘制直径为 6mm 的圆,单击"约束"图标 进行二维轮廓的尺寸约束标注(图 5-24),单击"操作"工具栏中的"退出草绘工作台"图标 ,返回至零件设计工作台。

2)构建轴的凸台:单击"凸台"图标 ,弹出"定义凸台"对话框(图 5-25),根据零件对称的特性设置长度为 80mm,同时勾选"镜像范围",单击"确定"按钮,完成长度

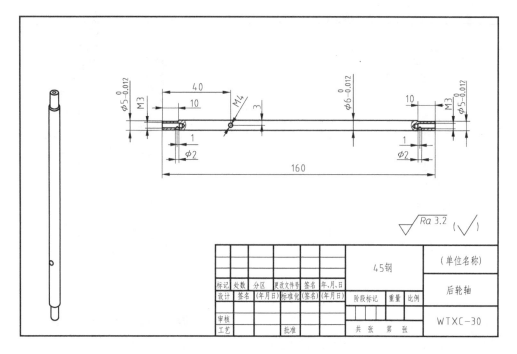

图 5-23　无碳小车后轮轴工程图

为 160mm 并关于 XY 平面对称的凸台构建，如图 5-26 所示。

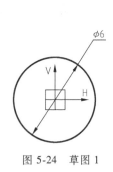

图 5-24　草图 1

图 5-25　"定义凸台"对话框

图 5-26　凸台效果

（2）构建两端凹槽　单击选择轴零件的一个端面为草图绘制平面（图 5-27），单击"操作"工具栏中的图标□进行草图绘制（图 5-28），单击"操作"工具栏中的图标□退出草图。单击选中草图 2 后再单击"凹槽"图标□，在弹出的"定义凹槽"对话框中将深度设置为 10mm（图 5-29），单击"确定"按钮，完成凹槽的构建，如图 5-30 所示。

图 5-27　草图绘制端面

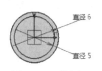

图 5-28　草图 2

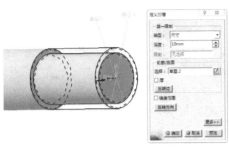

图 5-29　"定义凹槽"对话框和效果预览

图 5-30　凹槽特征

（3）镜像凹槽　单击"变换"工具条中的"镜像"图标，弹出"定义镜像"对话框（图 5-31），镜像元素选择 XY 平面，"要镜像的对象"则通过单击左侧结构树中"凹槽 1"特征 凹槽.1 获得，预览状态如图 5-32 所示，单击"确定"按钮，完成对称凹槽的构建，如图 5-33 所示。

图 5-31　"定义镜像"对话框

图 5-32　预览状态

图 5-33　凹槽模型

（4）构建轴两端的螺纹孔　选择图 5-34 所示端面，单击"基于草图的特征"工具条中的"孔"图标，弹出"定义孔"对话框，在"扩展"选项卡中设置孔的深度，确定孔的中心位置（图 5-35a），默认为所选端面的中心；在"类型"选项卡中选择"简单"，即为简单孔的形式（图 5-35b）；在"定义螺纹"选项卡中分别进行尺寸设置（图 5-35c），完成设置后单击"确定"按钮，完成孔的构建，如图 5-36 所示。然后参照步骤（2）建立镜像孔的特征，如图 5-37 所示。

图 5-34　端面位置

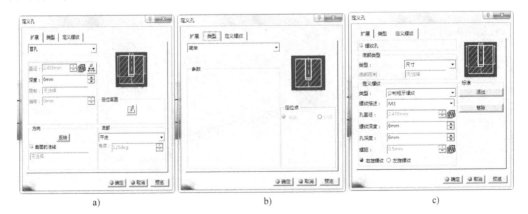

图 5-35　"定义孔"对话框

a）"扩展"选项卡　b）"类型"选项卡　c）"定义螺纹"选项卡

图 5-36　孔特征

图 5-37　镜像孔预览效果

（5）构建轴两端圆孔　选择 *ZX* 平面绘制"草图 3"（图 5-38），参照步骤（2）创建圆孔，然后参照步骤（3）镜像该圆孔，则完成双侧圆孔的创建，如图 5-39 所示。

（6）构建螺纹孔　在构建 *YZ* 平面法线方向的螺纹孔时，建立一个与 *YZ* 平面平行的平面。

选择 *YZ* 平面为参考平面来创建新平面。单击"操作"工具栏中"参考元素"工具条下的"平面"图标，弹出"平面定义"对话框（图 5-40），进行平面参数设置，单击"确定"按钮，完成新建平面的构建。

单击创建好的平面，然后单击"基于草图的特征"工具条中的"孔"图标，在弹出的"定义孔"对话框（图 5-41a）中选择"扩展"选项，确定孔的中心位置，方法如下：单击"定位草图"，进入草绘工作台，建立图 5-41b 所示的尺寸约束，退出草图后回到"定义孔"对话框，在"类型"和"定义螺纹"选项卡中分别按图 5-42a、b 所示设置参数，单击"确定"按钮，完成螺纹孔的构建，如图 5-43 所示。

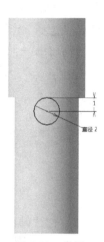

图 5-38　草图 3

图 5-39　两侧圆孔特征

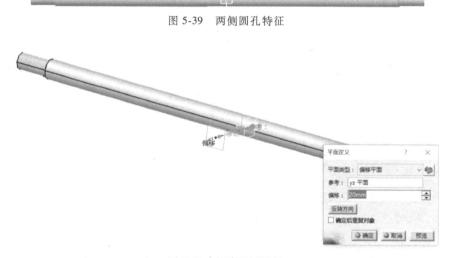

图 5-40　新建平面设置

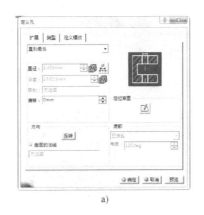

a)　　　　　　　　　　　b)

图 5-41　定位草图

a)"定义孔"对话框　b)尺寸约束

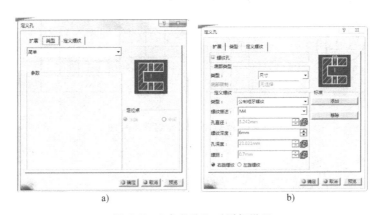

a)　　　　　　　　　　　b)

图 5-42　"定义孔"对话框设置

a)"类型"选项卡　b)"定义螺纹"选项卡

图 5-43　最终效果

5.5　盘类零件——无碳小车后轮封盖和后轮

盘类零件一般起连接作用,主要由端面、外圆及孔组成,多为中心对称。因此,其主体可用"凸台"或"旋转"图标完成,对于孔等的其余相同细节特征可通过"阵列"图标完成。

5.5.1　后轮封盖

以无碳小车后轮封盖为例介绍盘类零件的建模过程,运用"旋转""参考平面""凹槽""拉伸切除""阵列"等方法创建细节特征,其工程图如图5-44 所示。

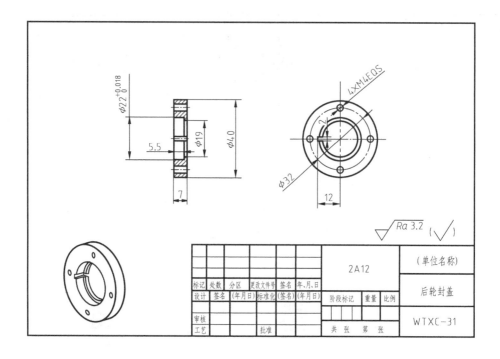

图 5-44　无碳小车后轮封盖工程图

具体步骤如下：

1. CATIA V5 软件的启动

双击桌面图标，运行 CATIA 软件，进入主界面。

2. 新建文件

按照 5.2 节中步骤 2 新建文件名为"chelunfenggai"的三维零件，并进入零件设计工作台。

3. 建立实体特征

（1）构建旋转体　进入草绘工作台：在结构树上选取 XY 平面为草图绘制平面，单击"草图"图标，进入草绘工作台，绘制"草图 1"，如图 5-45 所示。

单击"退出工作台"图标，退出草图，单击"旋转"图标，弹出"定义旋转体"对话框（图5-46），选择"草图 1"，第一角度为 360°，第二角度为 0°（旋转体预览效果如图 5-47 所示），单击"确定"按钮，完成旋转体特征的构建，如图 5-48 所示。

（2）构建凹槽　选择旋转体端面为槽特征草图绘制的平面，单击"草图"图标，绘制图 5-49 所示的草图 2，单击"退出草绘工作台"图标，退出草

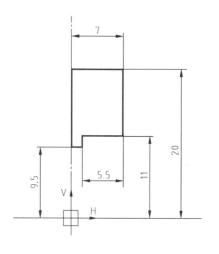

图 5-45　草图 1

图，单击"凹槽"图标，弹出"定义凹槽"对话框（图 5-50），在"类型"选项卡中选择"直到最后"，单击"确定"按钮，完成凹槽特征的构建（图 5-51）。

图 5-46　"定义旋
转体"对话框

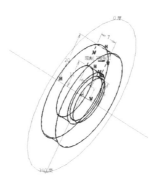

图 5-47　旋转体预览效果

图 5-48　旋转体

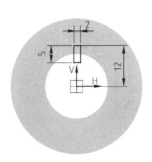

图 5-49　草图 2

图 5-50　"定义凹槽"对话框

图 5-51　凹槽特征

（3）构建螺纹孔　模型端面的 4 个螺纹孔大小相同，且位置有对称属性，因此用阵列方法建模会提高建模效率。单击选择图 5-52 所示的端面，再单击"孔"图标，弹出"定义孔"对话框（图 5-53），完成孔 1 的构建，如图 5-54 所示。

完成第一个孔后，单击"阵列"工具条下的"圆形阵列"图标，弹出"定义圆形阵列"对话框（图 5-55），在"参数"选项中选择"实例和角度间距"，在"实例"选项中填

图 5-52　端面

入"4"，"角度间距"为"90deg"，在"要阵列的对象"选项中选择"孔 1"，单击"确定"按钮，完成后轮封盖的构建，如图 5-56 所示。

5.5.2　后轮

无碳小车后轮建模方式与车轮封盖类似，轮毂形状和 4 个 $\phi4mm$ 孔均是圆周均布，可采用阵列方法完成，其工程图如图 5-57 所示。

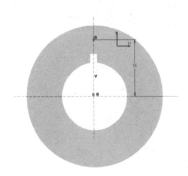

a)

b)

c)   d)

图 5-53 "定义孔"对话框

a）定位草图 3 b）扩展设置 c）类型设置 d）定义螺纹设置

图 5-54 孔 1 效果

图 5-55 "定义圆形阵列"对话框

图 5-56 后轮封盖

具体步骤如下：

1. CATIA V5 软件的启动

双击桌面图标，运行 CATIA 软件，进入主界面。

2. 新建文件

新建文件名为"houlun"的三维零件。

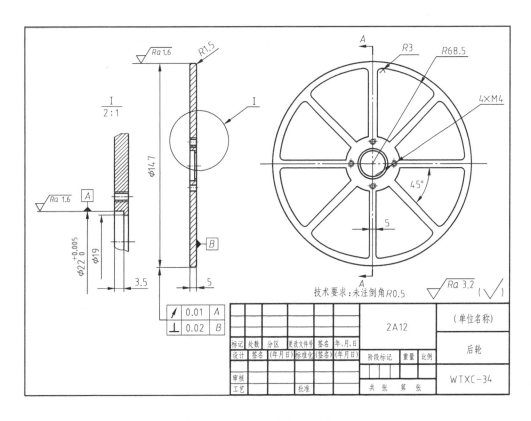

图 5-57　无碳小车后轮工程图

3. 建立实体特征

（1）构建凸台　在特征树上选取 XY 平面为草图绘制平面，单击"草图"图标 ，进入草绘工作台，单击"轮廓"工具条中的"圆"图标 ，绘制草图 1 如图 5-58 所示。在零件设计工作台中单击"凸台"图标 ，弹出"定义凸台"对话框（图 5-59），"类型"选择"尺寸"，"长度"输入 5mm，"轮廓/曲面"选择"草图 1"，单击"确定"按钮，完成凸台的构建，如图 5-60 所示。

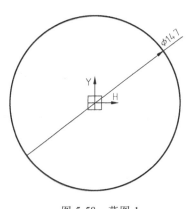

图 5-58　草图 1

图 5-59　"定义凸台"对话框

图 5-60　凸台效果

（2）构建轮毂　轮毂形状采用阵列完成。首先选择凸台一端面为草绘平面绘制草图（图5-61a），退出草绘工作台后，采用"凹槽"方法构建轮毂特征（图5-61b）。相同的轮毂凹槽有8个，并沿圆周均布，单击"圆形阵列"图标 ，弹出"定义圆形阵列"对话框（图5-61c），设置"参数"为"实例和总角度"，"实例"为"8"，"总角度"为"360deg"，"参考元素"为"Y轴"，"要阵列的对象"为刚创建的凹槽特征，单击"确定"按钮，完成轮毂的构建，如图5-61d所示。

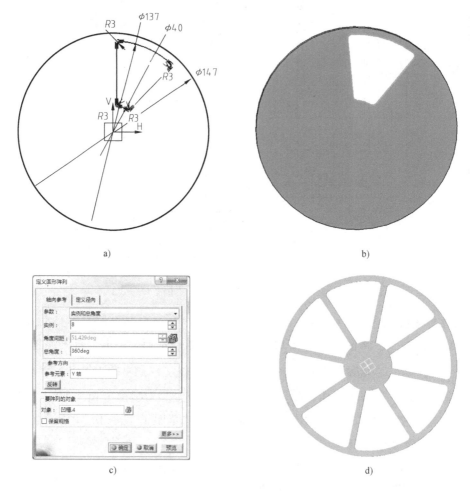

图5-61　凹槽特征

a）轮毂草图　b）轮毂凹槽　c）"定义圆形阵列"对话框　d）轮毂完成

（3）构建倒角　单击"倒圆角"图标 ，弹出"倒圆角定义"对话框（图5-62a），圆角半径为1.5mm，单击"要圆角化的对象"图标 ，选择模型的倒角元素，选择好的边缘变成红色，单击"确定"按钮，即完成倒角的构建，如图5-62b所示。

（4）构建沉头孔　选择模型的一个端面，单击"孔"图标 ，弹出"定义孔"对话框，进行参数设置：在"类型"选项卡中选择"沉头孔"，直径为22mm，深度为3.5mm，"定位点"选择"末端"即端面圆的圆心，如图5-63a所示；在"扩展"选项卡中选择直径

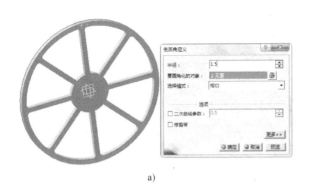 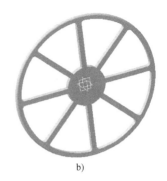

a)　　　　　　　　　　　　　　　　b)

图 5-62　倒圆角特征

a）"倒圆角定义"对话框　b）倒角模型

 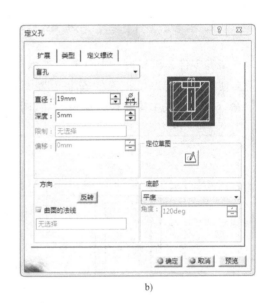

a)　　　　　　　　　　　　　　　　b)

图 5-63　"定义孔"对话框

a）"类型"选项卡　b）"扩展"选项卡

为 19mm，深度为 5mm，如图 5-63b 所示。单击"确定"按钮，完成沉头孔的构建，如图 5-64 所示。

（5）构建轮毂的螺纹孔　参照步骤（4）操作完成螺纹孔的构建，如图 5-65 所示。完成第一个孔后，单击"圆形阵列"图标 ，弹出"定义圆形阵列"对话框（图 5-66），设置"实例"为 4，"角度间距"为 90deg，"参考元素"为凸台面 1，"对象"为孔 2，单击"确定"按钮，完成后轮的构建，如图 5-67 所示。

图 5-64　沉头孔效果

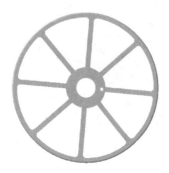

图 5-65　螺纹孔

图 5-66　"定义圆形阵列"对话框

图 5-67　后轮效果

5.6　支架类零件——无碳小车单轮上架

　　支架类零件是机械设备中重要的支承零件，承受较大的力，也具有定位作用，使零件之间保持正确的安装位置。以无碳小车单轮上架为例（图 5-68），采用"凸台"命令可以完成主体建模，运用"实体混合"命令可提高建模速度。

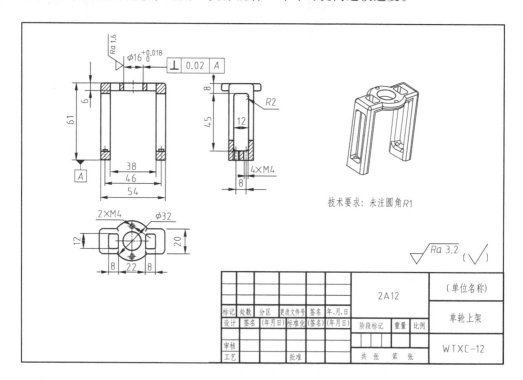

图 5-68　无碳小车单轮上架工程图

具体步骤如下：

1．CATIA V5 软件的启动

双击桌面图标 ，运行 CATIA 软件，进入主界面。

2. 新建文件

按照5.2节中步骤1新建文件名为"danlunshangjia"的三维零件,并进入零件设计工作台。

3. 建立实体特征

(1) 构建互相垂直的两个草图 在特征树上选取 *XY* 平面为草图绘制平面,单击"草图"图标 进入草绘工作台,单击"轮廓"工具条中的"轮廓"图标 绘制草图1(图5-69)。

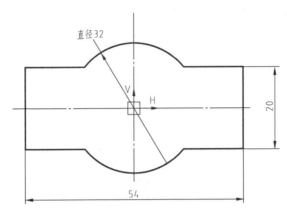

图 5-69 草图 1

在 *ZX* 平面上,参照草图1的绘制方法,绘制草图2,如图5-70所示。

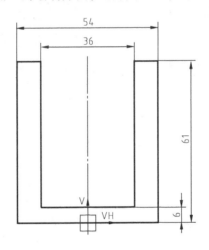

图 5-70 草图 2

(2) 构建实体混合实体 单击"高级拉伸特征"工具条中的"实体混合"图标 ,弹出"定义混合"对话框(图5-71a),分别选择"草图1"和"草图2"作为第一部件轮廓和第二部件轮廓,单击"确定"按钮,完成实体混合的构建,如图5-71b所示。

(3) 构建凹槽特征 分别选择图5-72所示端面1和图5-74所示的端面2为两个草图绘制平面,分别绘制草图3(图5-73)和草图4(图5-75)。随后进入零件设计工作台,单击

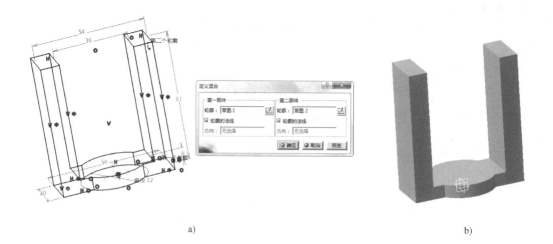

a)   b)

图 5-71　实体混合构建

a）"定义混合"对话框　b）实体混合构建

"凹槽"图标 ，弹出"定义凹槽"对话框（图 5-76），进行凹槽参数设置，单击"确定"
按钮，完成凹槽特征的构建（图 5-77）。

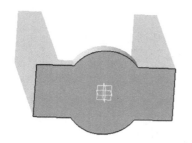

图 5-72　端面 1

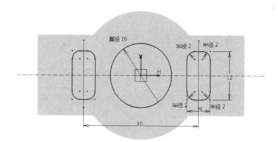

图 5-73　草图 3

图 5-74　端面 2

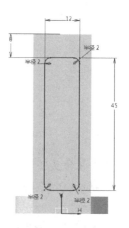

图 5-75　草图 4

图 5-76　"定义凹槽"对话框

图 5-77　凹槽特征

（4）构建倒圆角特征　单击"圆角"工具条中的"倒圆角"图标，弹出"倒圆角定义"对话框（图 5-78），设置"半径"为 1mm，单击"要圆角化对象"后的图标，选择模型的倒角元素，选择模型边缘。单击"确定"按钮，完成倒圆角特征的构建，如图5-79所示。

图 5-78　"倒圆角定义"对话框

图 5-79　倒圆角特征

（5）镜像构建螺纹孔　参见图 5-68 上的尺寸在单轮上架圆孔一边打孔，单击"孔"图标，弹出"定义孔"对话框（图 5-80a），单击"扩展"选项卡，单击"定位草图"图标进入草图工作台（图 5-80b），退出草绘工作台，回到"定义孔"对话框中，设置"类型"参数（5-80c），"定义螺纹"参数按照图 5-80d 所示设置，单击"确定"按钮，完成一个螺纹孔的构建，如图 5-81 所示。

单击选择左侧结构树中的"孔 1"，然后单击"变换特征"工具条中的"镜像"图标，弹出"定义镜像"对话框（图 5-82），镜像元素选择"zx 平面"，单击"确定"按钮，完成镜像螺纹孔的构建，如图 5-83 所示。

（6）阵列构建螺纹孔　单击"孔"图标，构建孔 3，如图 5-84 所示，方法与步骤（5）相同。

单击"矩阵"工具条中的"矩形阵列"图标，弹出"定义矩形阵列"对话框，在"第一方向"选项卡中设置"实例"为 2、"间距"为 8mm、"参考元素"为"混合 .1 \ 边

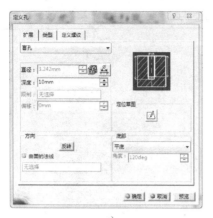

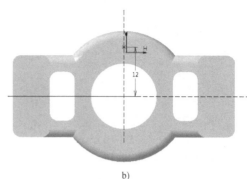

a)   b)

c)   d)

图 5-80　"定义孔"设置

a）定位草图参数　b）定义孔深度　c）类型选择　d）螺纹孔参数设置

图 5-81　孔 1

线 2"、"对象"为孔 3，如图 5-85a 所示；在"第二方向"选项卡中设置"实例"为 2、"间距"为 46mm、"参考元素"为"混合 . 1 \ 边线 3"、"对象"为孔 3，如图 5-85b 所示。设置完成后的预览效果如图 5-85c 所示，单击"确定"按钮，完成单轮上架的构建，如图 5-86所示。

图 5-82　"定义镜像"对话框

图 5-83　镜像螺纹孔

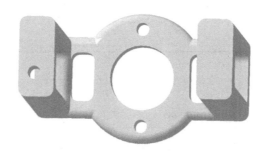

图 5-84　孔 3

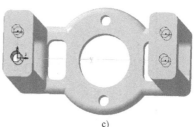

a)　　　　　　　　　　b)　　　　　　　　　c)

图 5-85　矩形阵列设置

a)"第一方向"参数设置　b)"第二方向"参数设置　c)预览效果

图 5-86　单轮上架

5.7　常用件

常用件是指在机械设备上经常用到的零部件，但没有统一的尺寸、力学性能、化学元素，如轴、齿轮、弹簧、箱体等。虽然 CATIA 软件提供了大部分标准件的零件库，但是常用零件库中没有弹簧和齿轮，因此本节将分别介绍无碳小车的弹簧和齿轮建模过程。

5.7.1　连杆弹簧

弹簧呈螺旋状，不能使用常规的实体零件创建，可以采用机械设计模块下的线框和曲面设计工作台绘制弹簧的螺旋曲线形状，然后在零件设计工作台中完成弹簧的建模。连杆弹簧的工程图如图 5-87 所示。

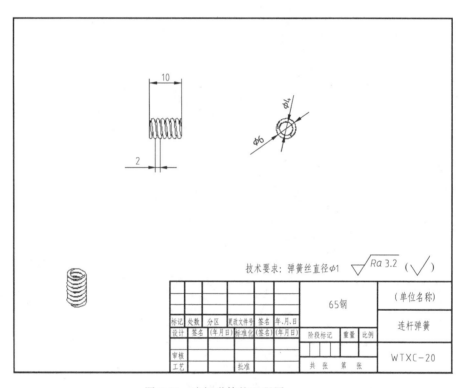

图 5-87　连杆弹簧的工程图

具体步骤如下：

1. CATIA V5 软件的启动

双击桌面图标![icon]，运行 CATIA 软件，进入主界面。

2. 新建文件

选择菜单栏中的"开始"|"机械设计"|"线框和曲面设计"，弹出"新建"对话框，在"类型列表"列表框中，选择"Part"文件类型，单击"确定"按钮，弹出"新建零件"对话框，在"输入零件名称"栏中输入零件名为"tanhuang"，单击"确定"按钮，进入线框和曲面设计工作台。

3. 创建实体特征

（1）创建螺旋曲线　选择菜单栏中的"插入"|"线框"|"螺旋曲线"，或单击"曲线"工具条中的"螺旋曲线"图标 ，（图 5-88a），弹出"螺旋曲线定义"对话框（图 5-88b），在"起点"选项右击选择"创建点"，在弹出的"点定义"对话框中设置坐标值 $X=0$、$Y=2.5$、$Z=0$（图 5-88c），单击"确定"按钮。然后在"螺旋曲线定义"对话框中的"轴"选项右击选择 X 轴（图 5-89），"类型"选项卡中的参数设置参见图 5-89，单击"确定"按钮，完成螺旋曲线的创建，如图 5-90 所示。

a)　　　　　　　　　　　b)　　　　　　　　　　　c)

图 5-88　创建点设置

a)"曲线"工具条　b)"螺旋曲线定义"对话框　c)定义螺旋曲线起点

图 5-89　坐标设置和轴设置

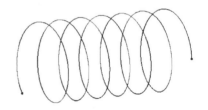

图 5-90　螺旋曲线

（2）新建参考平面　单击"平面"图标 ▱，弹出"平面定义"对话框（图 5-91），"平面类型"选择"平行通过点"、"参考"选项中选择"xy 平面"，"点"选项中选择"螺旋.1\顶点.1"，单击"确定"完成平面 1 的创建，如图 5-92 所示。

（3）构建肋　选择菜单栏中的"开始"|"机械设计"|"零件设计"，单击"基于草图特征"工具条下的"肋"图标 ，弹出"定义肋"对话框（图 5-93），在"轮廓"选项中单击"草绘"图标 ，选择新建参考平面为草绘平面，创建草图 1（图 5-94），"中心曲线"选项选择步骤（1）中创建的螺旋曲线，单击"确定"按钮，完成弹簧原型的构建，如图 5-95 所示。

图 5-91 "平面定义"对话框

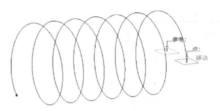

图 5-92 平面预览效果

图 5-93 "定义肋"对话框

图 5-94 草图 1

（4）构建弹簧两端面　选择 XY 平面为草图绘制平面，绘制草图 2，在草图中绘制两个矩形框，使其中一个矩形的一条边线与弹簧一端端圆截面的圆心重合，两个矩形框间的距离为 9mm，矩形的大小可自拟，只要能覆盖弹簧两端，实现切除即可，文中尺寸拟定如图 5-96 所示。退出草绘工作台，单击"凹槽"图标，"类型"选择"直到最后"，切除弹簧两端的实体，完成弹簧的构建，如图 5-97 所示。

图 5-95 弹簧原型

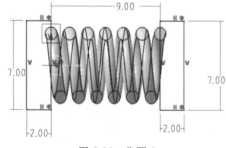

图 5-96 草图 2

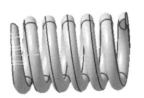

图 5-97 弹簧

5.7.2　小齿轮

齿轮有传递动力和精确传动比等功效，齿轮创建可以通过实体拉伸完成，拉伸草图需要根据齿形来完成绘制，而绘制草图需要通过查询齿轮参数及大量计算来完成，工作非常繁琐。因此为了齿轮建模快捷、方便，借助齿轮生成器完成齿轮创建，小齿轮设计参数如图5-98 所示。

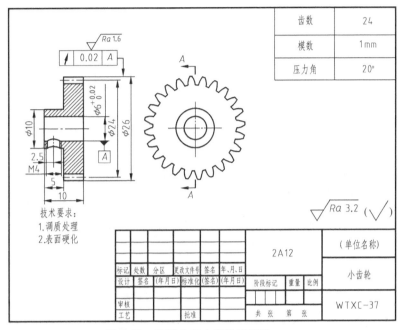

齿数	24
模数	1mm
压力角	20°

图 5-98　无碳小车小齿轮工程图

具体步骤如下：

1. CATIA V5 软件的启动

双击桌面图标，运行 CATIA 软件，进入主界面。

2. 新建文件

新建文件名为 "xiaochilun" 的三维零件，并进入零件设计工作台。

3. 建立实体特征

（1）创建齿轮原型　双击 "齿轮生成器" 图标，弹出 "齿轮生成器" 对话框（图5-99），分别输入 "齿数 z" "模数 m" "压力角 α" "螺旋角 β" 和 "齿厚" 参数。单击 "支持一下" 按钮连接 CATIA，弹出 "恭喜" 对话框（图 5-100）显示连接成功，然后单击 "生成齿轮" 按钮，完成齿轮原型的构建，如图 5-101 所示。

图 5-99　"齿轮生成器"对话框

图 5-100　"恭喜"对话框

图 5-101　齿轮原型

（2）构建凸台 单击齿轮端面，单击"草图"图标 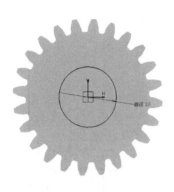，进入草绘工作台，绘制草图 1（图 5-102），单击"凸台"图标 ，弹出"定义凸台"对话框（图 5-103），输入参数，完成凸台的构建，如图 5-104 所示。

图 5-102 草图 1

图 5-103 "定义凸台"
对话框

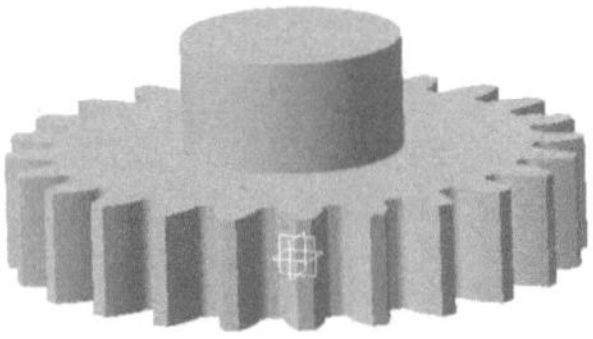

图 5-104 凸台

（3）创建凹槽 单击凸台端面，绘制草图 2（图 5-105），单击"凹槽"图标 ，弹出"定义凹槽"对话框（图 5-106），进行相关参数的设置，完成凹槽的构建，如图 5-107所示。

图 5-105 草图 2

图 5-106 "定义凹槽"
对话框

图 5-107 凹槽

（4）构建螺纹孔 单击 YZ 平面，单击"孔"图标 ，弹出"定义孔"对话框（图5-108），进行螺纹孔参数的设置，在"定义孔"对话框的"扩展"选项卡中单击"定位草图"图标 ，进入草绘工作台，绘制孔中心点的位置，如图 5-109 所示，完成后退出草图，回到"定义孔"对话框中设置"类型"选项为"简单"（图 5-110a），设置螺纹孔的参数（图 5-110b），完成螺纹孔的构建，最终小齿轮如图 5-111 所示。

图 5-108 "定义孔"对话框

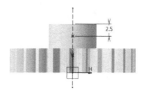

图 5-109 定位草图

a)

b)

图 5-110 "定义孔"对话框

a)"类型"选项卡 b)"定义孔"选项卡

图 5-111 小齿轮

第6章

无碳小车零件工程图

6.1 CATIA 零件工程图生成的基本流程

CATIA 零件工程图生成的基本流程如图 6-1 所示。

1）三维设计与建模，生成 .part 文件。

2）新建工程图，包括选择制图标准、图纸样式，设置图框和标题栏。

3）创建及编辑视图，包括创建基本视图、轴测图、剖视图、局部放大视图、旋转剖视图、阶梯剖视图、折断视图、断面图等。

4）标注尺寸，可自动生成、手动标注长度、距离、角度、半径、直径、倒角、螺纹等。

5）标注公差，如基准符号、几何公差等。

6）标注表面粗糙度。

7）注释文本，如注释技术要求等。

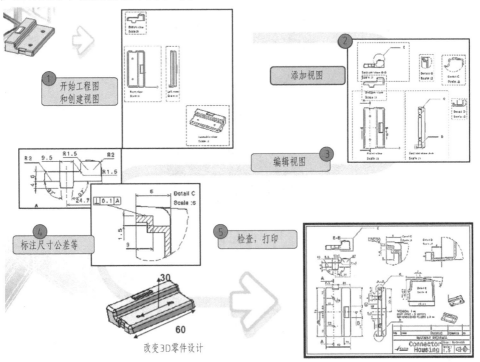

图 6-1 CATIA 零件工程图生成的基本流程

6.2　无碳小车轴套类零件工程图

　　零件的视图表达是在考虑便于作图和读图的前提下，把零件的结构形状完整、清晰地表达出来，并力求绘图简便。轴套类零件，在视图表达时一般采用一个基本视图再配以适当的断面图和尺寸标注，就可以把轴套类的主要形状特征以及局部结构完整地表达出来。为了方便工人在加工时查看图样，轴线一般按水平方向放置并进行投影，并且通常选择轴线为侧垂线的位置。在对该零件进行尺寸标注时，通常都会以它的轴线为径向尺寸基准。

6.2.1　无碳小车后轮轴承套零件工程图

　　以无碳小车的后轮轴承套为例（图 5-3），按照 6.1 节所述的流程具体阐述轴套类零件的 CATIA 零件工程图绘制过程。

1. 打开轴承套零件实体图

　　双击桌面图标 ，运行 CATIA 软件，进入主界面。选择菜单栏"文件"｜"打开"，弹出"选择文件"对话框（图 6-2），单击"zhouchengtao. CATpart"文件，单击"打开"按钮，打开轴承套零件的三维模型。

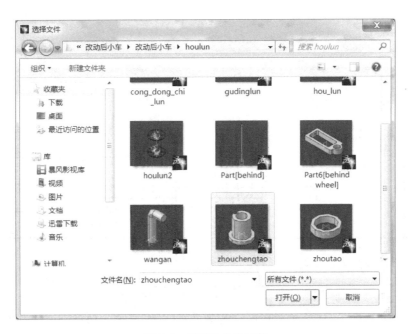

图 6-2　打开轴承套零件

2. 新建工程图

　　选择菜单栏中的"文件"｜"新建"，弹出"新建"对话框（图 6-3a），选择"Drawing"，单击"确定"按钮，弹出"新建工程图"对话框（图 6-3b），进入工程图工作环境。

　　选择菜单栏中的"编辑"｜"图纸背景"，使用几何图形创建相关图标绘制 A4 图框和标题栏，将标题栏信息补充完整，如图 6-4 所示。

a)   b)

图 6-3　新建工程图

a）"新建"对话框　b）"新建工程图"对话框

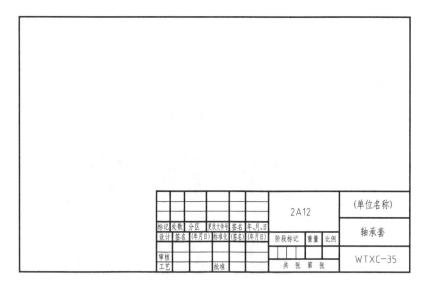

图 6-4　A4 图框和标题栏

3. 创建视图

（1）创建主视图　选择菜单栏中的"编辑"|"工作视图"切换到"工作视图"界面，然后选择菜单栏中的"插入"|"视图"|"投影"|"正视图"，创建正视图，选择菜单栏中的"窗口"|"zhouchengtao. CATpart"，切换到零件设计工作台，选取 XY 平面作为投影平面，系统返回到工程制图工作台。利用方向控制器调整投影方向（图 6-5a），单击绘图区的适当位置，完成主视图的创建（图 6-5b）。

（2）创建左视图　在"工作视图"界面下，选择菜单栏中的"插入"|"视图"|"截面"|"偏移剖视图"，在轴套主视图中，依次单击两点来定义剖切线，在拾取第二点后双击结束拾取，单击正视图左侧适合位置，生成全剖视图，完成轴承套左视图创

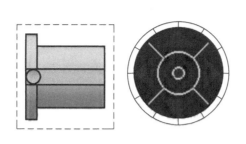
a)

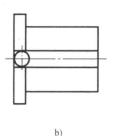
b)

图 6-5　创建主视图

a）方向控制器　b）主视图完成

建（图 6-6）。

（3）创建等轴测视图　在"工作视图"界面下，选择菜单栏中的"插入"|"视图"|"投影"|"等轴测视图"，选择菜单栏中的"窗口"|"zhouchengtao.CATpart"，切换到零件设计工作台环境中。将实体调整到等轴侧视图状态，单击实体上任意部位自动切到工程制图工作台环境中，单击绘图区合适的空白处，完成轴测图的创建（图 6-7）。

4. 生成尺寸

（1）自动生成尺寸　在"工作视图"界面下，选择菜单栏中的"插入"|"生成"|"生成尺寸"，弹出"尺寸生成过滤器"对话框（图 6-8a），单击"确定"按钮，弹出"生成的尺寸分析"对话框（图 6-8b），显示自动生成尺寸预览，单击"确定"按钮，完成尺寸的自动生成。

（2）编辑尺寸

1）调整尺寸位置：在"工作视图"界面下，选择要移动的尺寸，单击并移动至合适的位置，完成尺寸的移动（图 6-9）。

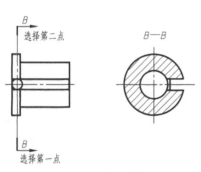

图 6-6　创建左视图

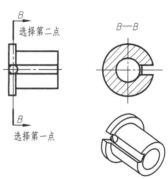

图 6-7　创建等轴测视图

2）删除不合理的尺寸：在"工作视图"界面下，选取不符合要求的尺寸，右击选择"删除"，即完成该尺寸的删除（图 6-10）。

3）增加尺寸：在"工作视图"界面下，选择菜单栏中的"插入"|"尺寸标注"|"尺寸"|"尺寸"，标注未自动生成的尺寸（图 6-11a），即完成轴承套零件尺寸标注（图 6-11b）。

图 6-8　自动生成尺寸

a）"尺寸生成过滤器"对话框　b）"生成的尺寸分析"对话框

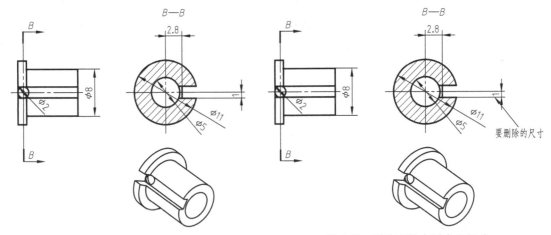

图 6-9　调整尺寸线　　　　　　图 6-10　删除不符合要求的尺寸

5. 标注尺寸公差

在"工作视图"界面下，选中要标注尺寸公差的尺寸并右击，在弹出的快捷菜单栏中选择"属性"，弹出"属性"对话框（图 6-12），选择"公差"项，并按图设置，单击"确定"按钮，完成该尺寸的公差标注。按照上述方法完成所有需要添加尺寸公差的标注，生成带有公差标注的零件工程图（图 6-13）。

6. 标注表面粗糙度

在"工作视图"界面下，选择菜单栏中的"插入"|"尺寸标注"|"符号"|"粗糙度符号"，单击需要添加表面粗糙度的面，弹出"粗糙度符号"对话框（图 6-14），并按图设置表面粗糙度参数，单击"确定"按钮，完成表面粗糙度的标注，在图样右下角添加其余表

面的表面粗糙度。

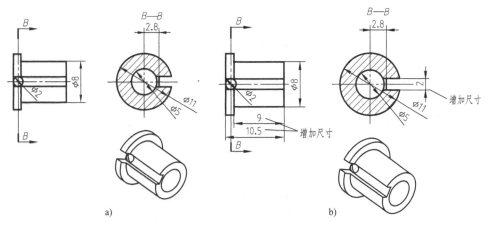

图 6-11　标注未自动生成的尺寸
a）缺少尺寸的工程图　b）已补充尺寸的工程图

图 6-12　设置尺寸公差

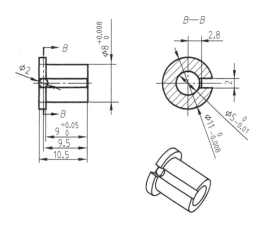

图 6-13　标注尺寸公差

　　若有技术要求等注释则需添加文本，此轴套无特殊技术要求，因此不添加，最终完成轴承套零件的工程图。

6.2.2　无碳小车螺纹连接杆工程图

　　以无碳小车的螺纹连接杆为例绘制工程图（图 6-15），无碳小车的螺纹连接杆也属于轴套类零件，将连接杆的轴线按水平方向放置并进行投影，因为该零件两端有内螺纹，用局部剖视图或者全剖视图来表达，可避免主视图中出现过多的虚线。标注尺寸时也以轴线作为径向尺寸基准，具体步骤如下：

1. 打开螺纹连接杆零件实体图

　　按照 6.2.1 节的步骤 1，打开零件 "luowenlianjiegan. CATpart" 文件。

2. 新建工程图

选择菜单栏中的"文件"｜"新建"，弹出"新建"对话框，选择"Drawing"，单击"确定"按钮，进入工程制图工作台。

选择菜单栏中的"文件"｜"编辑"｜"图纸背景"，同样，使用几何图形创建相关图标绘制 A4 图框和标题栏。

3. 创建视图

（1）创建主视图　选择菜单栏"文件"｜"编辑"｜"工作视图"切换到工程图的"工作视图"界面中，选择菜单栏中的"插入"｜"视图"｜"投影"｜"正视图"，再选择菜单栏中的"窗口"

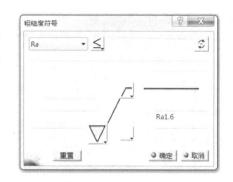

图 6-14　"粗糙度符号"
对话框

｜"luowenlianjiegan.CATpart"，切换到零件设计工作台环境，选取 *XY* 平面作为投影平面，系统返回到工程制图工作台环境。单击绘图区的适当位置，完成主视图的创建（图 6-16）。

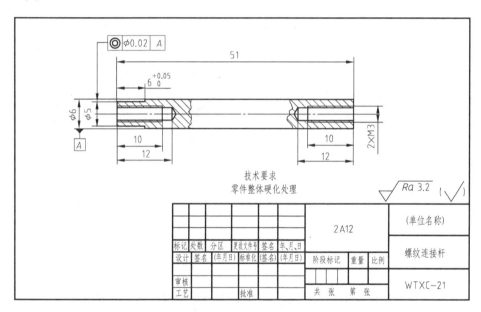

图 6-15　螺纹连接杆工程图

图 6-16　创建主视图

（2）创建局部剖视图　在"工作视图"界面下，选择菜单栏中的"插入"｜"视图"｜"断开视图"｜"剖面视图视图"，在螺纹连接杆主视图中，绘画剖切范围

（图6-17a），系统弹出"3D查看器"对话框（图6-17b），然后单击"确定"按钮，完成左边内孔的剖切。同理，按前面的步骤完成右边螺纹孔的剖切，完成螺纹连接杆的局部剖视图（图6-18）。

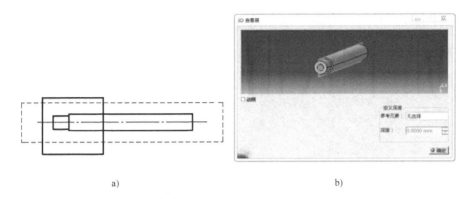

a)　　　　　　　　　　　　　　　　　　　　　　　b)

图 6-17　创建局部剖视图

a）绘画剖切范围　b）"3D查看器"对话框

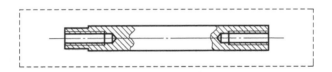

图 6-18　螺纹连接杆剖视图

（3）调整视图比例　在"工作视图"界面下，在结构树中选定全剖图，右击，在弹出的快捷菜单上选择"属性"，弹出"属性"对话框，在缩放框中更改比例为2∶1（图6-19）。

4.生成尺寸

在"工作视图"界面下，选择菜单栏中的"插入"｜"生成"｜"生成尺寸"，弹出"生成的尺寸分析"对话框（图6-20），单击"确定"按钮，显示自动生成尺寸预览，单击"确定"按钮，完成尺寸的自动生成（图6-21）。

5.编辑尺寸

（1）调整尺寸位置　选择要移动的尺寸，单击并移动至合适的位置，完成尺寸的移动。

（2）删除多余的尺寸　选取重复或多余的尺寸，右击，在弹出的快捷菜单中选择"删除"，即删除该尺寸（图6-22）。

图 6-19　调整视图比例

图 6-20　"生成的尺寸分析"对话框

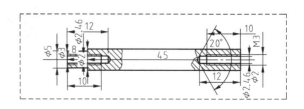

图 6-21　自动生成尺寸样式

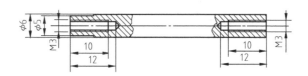

图 6-22　删除不符合要求的尺寸

（3）增加尺寸　在"工作视图"界面中，选择菜单栏中的"插入"|"尺寸标注"|"尺寸"|"尺寸"，标注未自动生成的尺寸，完成螺纹连接杆的尺寸标注（图 6-23）。

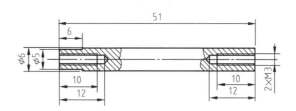

图 6-23　标注未自动生成的尺寸

6. 标注尺寸公差

在"工作视图"界面下，选中要标注尺寸公差的尺寸并右击，在弹出的快捷菜单中选择"属性"，弹出"属性"对话框（图 6-24），选择"公差"项，并按图设置，单击"确定"按钮，完成该尺寸的公差标注。按照上述方法完成所有需要添加尺寸公差的标注，生成带有公差标注的零件工程图（图 6-25）。

7. 标注形位公差

选择菜单栏中的"插入"|"尺寸标注"|"公差"|"基准特征"，在 $\phi6$ 尺寸线下放置基准号 A，如图 6-26a 所示。选择菜单栏中的"插入"|"尺寸标注"|"公差"|"形位公差"，在 $\phi5$ 尺寸线下合适位置单击，弹出"形位公差"对话框（图 6-26b），按图设置形位公差值（图 6-27）。

图 6-24　设置尺寸公差

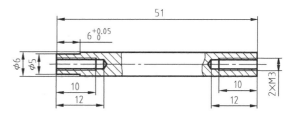

图 6-25　标注尺寸公差

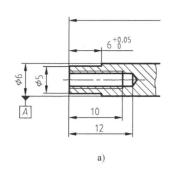

a)

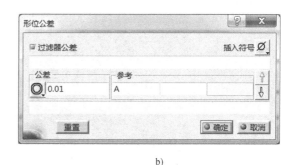

b)

图 6-26　标注形位公差（一）

a）标注基准符号　b）"形位公差"对话框

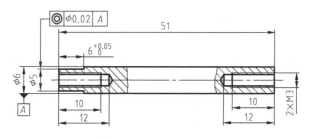

图 6-27　标注形位公差（二）

8. 标注表面粗糙度

在"工作视图"界面下，选择菜单栏中的"插入"|"尺寸标注"|"符号"|"粗糙度符号"，单击需要添加粗糙度的面，弹出"粗糙度符号"对话框（图 6-14），并按图设置粗糙度参数，单击"确定"按钮，完成表面粗糙度的标注。在图样标题栏上方添加其余表面的表面粗糙度，完成螺纹连接杆其余面的表面粗糙度标注（图 6-28）。

9. 创建技术要求

在"工作视图"界面下，选择菜单栏中的"插入"|"标注"|"文本"|"T 文本"，单

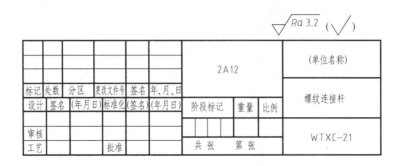

图 6-28　添加其余面的表面粗糙度

击图样中任意位置，确定文本的放置位置，弹出"文本编辑器"对话框。在"文本属性"工具条中设置文本高度值为 7（图 6-29），输入图 6-30 所示的文本内容，单击"确定"按钮，完成螺纹连接杆工程图。

图 6-29　"文本属性"工具条

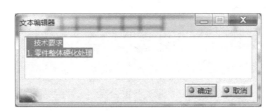

图 6-30　创建技术要求

上述为无碳小车中两个典型的轴套类零件工程图绘制过程，在表达轴套类零件时还应注意以下几点：

1）轴套类零件常用一个视图表达，轴线水平放置，并且将小头放在左边。

2）轴上的键槽应朝前画出，并画出有关剖面或局部放大图。

4）对实心轴上的局部结构常用局部剖视图表达。

5）对外形简单的套类零件常采用全剖视图。

另外，在标注尺寸时，通常以轴套类零件的轴线为径向尺寸基准，这是因为在车床上加工轴类零件时，需要在两端用顶尖顶住轴的中心孔。其目的是把设计上的要求和加工时的工艺基准统一起来。而沿轴长度方向的基准则经常选用重要的端面、接触面（如轴肩）或者加工面等。

6.3　无碳小车盘类零件工程图

盘盖类零件是以扁平的盘状为基本形状，并在其一端配有端盖、阀盖、齿轮等结构的零件。这类零件的主要结构是回转体，通常还带有各种形状的凸缘、均匀分布的圆孔和肋等局

部结构。在使用视图表达时，一般选择过对称面或回转轴线的剖视图作为主视图，同时还必须适当增加其他视图，如左视图、右视图或俯视图等，这样才能把零件的外形和局部结构完整表达出来。

6.3.1 无碳小车滑轮工程图

以无碳小车滑轮为例绘制工程图（图6-31），无碳小车滑轮属于典型的盘类零件。除了主视图以外，选择对称面的剖视图作为辅助视图，就可以从侧面表达零件外形和内孔的基本特征，然后根据加工顺序将非圆视图作为主视图。在对该零件做尺寸标注时，选用通过轴孔的轴线作为径向尺寸基准，长度方向的主要尺寸基准按照装配需求选择重要的端面。

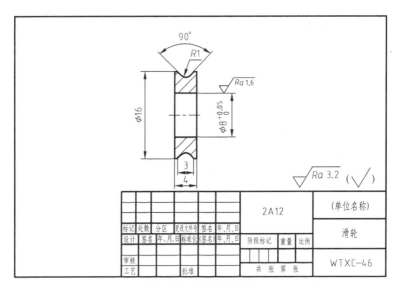

图 6-31　滑轮工程图

具体创建步骤如下：

1. 打开滑轮零件实体图

打开零件"dinghualun.CATpart"文件。

2. 新建工程图

同理，选择菜单栏中的"文件"｜"新建"，弹出"新建"对话框，选择"Drawing"，单击"确定"按钮，进入工程图工作环境，并完成图框选择和标题栏信息的添加。

3. 创建视图

（1）创建"正视图"　选择菜单栏中的"编辑"｜"工作视图"，系统返回工程图编辑界面。在"工作视图"界面下，选择菜单栏中的"插入"｜"视图"｜"投影"｜"正视图"，再选择菜单栏中的"窗口"｜"dinghualun.CATpart"，切换到零件设计工作台中，选取 ZX 平面作为投影平面，系统返回到工程制图工作台中。利用方向控制器调整投影方向（图6-32），单击绘图区的适当位置，完成主视图的创建（图6-33）。

（2）创建左视图　在"工作视图"界面下，选择菜单栏中的"插入"｜"视图"｜"截面"｜"偏移剖视图"，在"定滑轮"主视图中，依次单击两点来定义剖切线，在拾取第二点后双击结束拾取（图6-34），单击视图适当位置，生成全剖视图作为右视图（图6-35）。

图 6-32　主视图预览　　　　　　　　　图 6-33　创建主视图

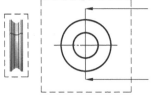

图 6-34　定义剖切线

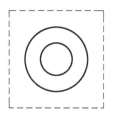

图 6-35　创建右视图

（3）删除主视图　在该零件的视图表达方法中，全剖视图已经能完整地反应其轮廓特征，所以将主视图删除。

（4）调整视图比例　在"工作视图"界面下，在结构树中选定全剖视图，右击，在弹出的快捷菜单上选择"属性"，弹出"属性"对话框，在缩放框中更改比例为5：1，单击"确定"按钮，完成视图比例的调整（图6-36）。

4. 生成尺寸

在"工作视图"界面下，选择菜单栏中的"插入"|"生成"|"生成尺寸"，弹出"生成的尺寸分析"对话框（图6-37a），显示自动生成尺寸预览，单击"确定"按钮，完成尺寸的自动生成（图6-37b）。

图 6-36　调整视图比例

a)

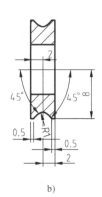

b)

图 6-37　生成尺寸

a）"生成的尺寸分析"对话框　b）自动生成尺寸

5．编辑尺寸

在工作视图中，选取重复尺寸，右击，选择"删除"，即删除该尺寸。然后将尺寸线调整至合理位置。单击菜单"插入"｜"尺寸标注"｜"尺寸"｜"尺寸"，标注未自动生成的尺寸。最后选中 $\phi 8$ 的尺寸线，右击，选择"属性"，添加尺寸公差（图6-38）。

6．标注表面粗糙度

在"工作视图"界面下，选择菜单栏中的"插入"｜"尺寸标注"｜"符号"｜"粗糙度符号"，单击需要标注表面粗糙度的面，弹出"粗糙度符号"对话框（图6-39），并按图设置表面粗糙度参数，单击"确定"按钮，完成表面粗糙度的标注，即完成滑轮工程图的构建（图6-40）。

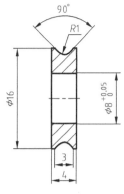

图6-38　编辑后的尺寸

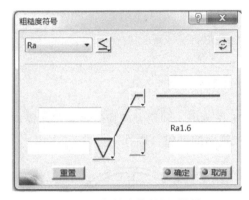

图6-39　"粗糙度符号"对话框

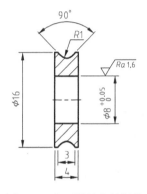

图6-40　表面粗糙度的标注

6.3.2　无碳小车后轮工程图

以无碳小车后轮为例绘制工程图（图5-57），无碳小车车轮属于盘类零件。其主要结构是回转体，并且其上均匀分布着圆孔和减重槽等，在选择视图时以非圆的全剖视图作为主视图，大圆表面作为其左视图，便能表明其贯穿孔的特征。后轮的中心内孔用于安装轴承，配合尺寸精度和形位公差需要标注清楚，考虑到图样比例可选用局部放大视图详细注明。

1．打开后轮零件实体图

打开零件"houlun. CATpart"文件。

2．新建工程图

选择菜单栏中的"文件"｜"新建"，弹出"新建"对话框，选择"Drawing"，单击"确定"按钮，弹出"新建工程图"对话框，选择A3图纸（图6-41），进入工程图工作环境。

选择菜单栏中的"编辑"｜"图纸背景"，切换到"图纸背景"界面，选择菜单栏中的"插入"｜"工程图"｜"框架和标题节点"，选择标题块样式和指令，编辑标

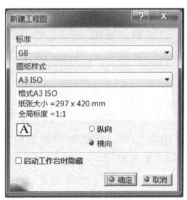

图6-41　新建工程图

题栏信息内容，修改材料标记、图样名称和图样代号后完成图框和标题栏。

3. 创建视图

（1）创建"主视图"选择菜单栏中的中的"编辑"｜"工作视图"，系统返回工程图编辑界面。在"工作视图"界面中，选择菜单栏中的"插入"｜"视图"｜"投影"｜"正视图"，再选择菜单栏中的"窗口"｜"houlun. CATpart"，切换到零件设计工作台环境中，选取 ZX 平面作为投影平面，如图 6-42 所示。

图 6-42　投影平面选择界面

选择好所需的投影面后，自动转换到工程制图工作台中，利用方向控制器调整所需的视图角度（图 6-43），单击图样中的适当位置，完成主视图的创建（图 6-44）。

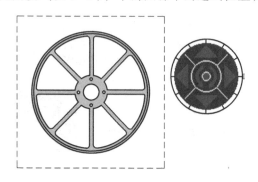

图 6-43　主视图预览

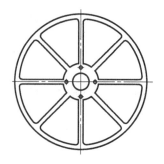

图 6-44　创建主视图

（2）创建右视图　在"工作视图"界面下，选择菜单栏中的"插入"｜"视图"｜"截面"｜"偏移剖视图"，在"后轮"主视图中，依次单击竖直中心线的两点来定义剖切线，在拾取第二点后双击结束拾取，单击该视图的左侧适当位置，生成全剖视图作为右视图（图 6-45）。

（3）创建详细视图　在"工作视图"界面下，选择菜单栏中的"插入"｜"视图"｜"详细信息"｜"详细信息"，在"后轮"右视图中，绘制图 6-46a 所示的圆，单击绘图区空白的合适位置，完成详细视图的创建（图 6-46b）。

4. 生成尺寸

在"工作视图"界面下，选择菜单栏中的中的"插入"｜"生成"｜"生成尺寸"，弹出"生成的尺寸分析"对话框（图 6-47a）。显示自动生成尺寸预览，单击"确定"按钮，完成尺寸的自动生成（图 6-47b）。

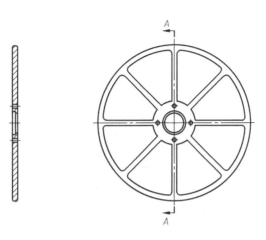

图 6-45　创建右视图

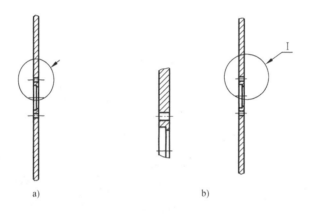

a)　　　　　　　　　　　b)

图 6-46　创建详细视图

a）绘制详细视图轮廓圆　b）放置详细视图

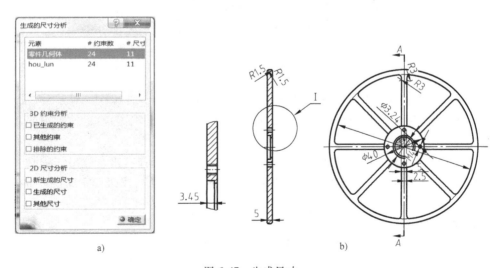

a)　　　　　　　　　　　b)

图 6-47　生成尺寸

a）"生成的尺寸分析"对话框　b）自动生成尺寸样式

5. 编辑尺寸

（1）调整尺寸位置　在"工作视图"界面中，选择要移动的尺寸，单击并移动至合适的位置，完成尺寸的移动（图 6-48）。

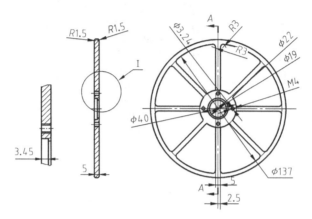

图 6-48　调整尺寸线

（2）删除尺寸　在"工作视图"界面中，选择重复尺寸或不必要尺寸（图 6-49），右击，选择"删除"，即删除该尺寸。

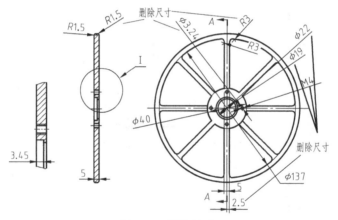

图 6-49　删除尺寸

（3）添加尺寸　在"工作视图"界面中，选择菜单栏中的"插入"|"尺寸标注"|"尺寸"|"尺寸"，在齿轮右视图中，为齿轮添加缺少的尺寸（图 6-50）。

6. 标注尺寸公差

在"工作视图"界面中，选中要标注尺寸公差的尺寸 $\phi22$ 并右击，弹出"属性"对话框（图 6-51a），选择"公差"项，然后按图设置，单击"确定"按钮，完成该尺寸的标注（图 6-51b）。

7. 标注形位公差

在"工作视图"界面下，选择菜单栏中的中的"插入"|"尺寸标注"|"公差"|"基准特征"，在详细视图中，$\phi22$ 尺寸线下放置基准符号 B 。在厚度 5 尺寸线旁边放置基准符号 B（图 6-52a）。选择菜单栏中的"插入"|"尺寸标注"|"公差"|"形位公差"，在 $\phi147$ 尺寸

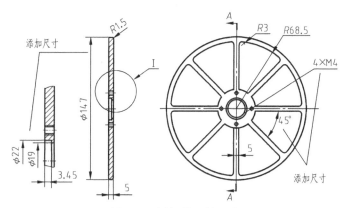

图 6-50 添加缺少的尺寸

a)

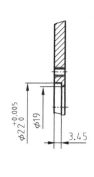

b)

图 6-51 标注尺寸公差

a) "属性" 对话框　b) 标注公差

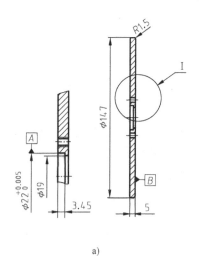

a)

b)

图 6-52 标注形位公差

a) 标注基准符号　b) "形位公差" 对话框

线下合适位置单击，弹出"形位公差"对话框（图6-52b），按图设置形位公差值，并将设置好的形位公差标注（图6-53）。

8. 标注表面粗糙度

在"工作视图"界面下，选择菜单栏中的中的"插入"｜"尺寸标注"｜"符号"｜"粗糙度符号"，单击需要标注表面粗糙度的面（尺寸线 $\phi147$ 和 $\phi22$），设置表面粗糙度参数，单击"确定"按钮，完成表面粗糙度的标注，并设置其余面的表面粗糙度 Ra 值为 $3.2\mu m$（图6-54）。

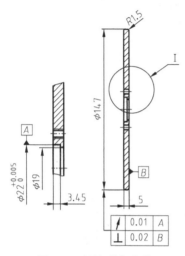

图6-53　标注形位公差

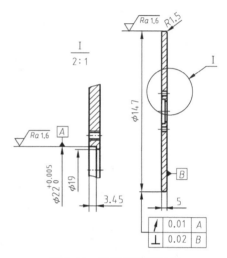

图6-54　标注表面粗糙度

9. 创建技术要求

在"工作视图"界面下，选择菜单栏中的中的"插入"｜"标注"｜"文本"｜"T文本"，在图样中任意位置单击，确定文本的放置位置，弹出"文本编辑器"对话框（图6-55）。在"文本属性"工具条中设置文本高度值为7，输入图6-55所示的文本内容（如需换行，可使用组合键<Ctrl+Enter>），单击"确定"按钮，完成技术要求的创建，按照上述方法完成所有步骤，即完成后轮工程图。

图6-55　"文本编辑器"对话框

6.3.3　无碳小车小齿轮工程图

以无碳小车小齿轮为例绘制工程图（图5-98），无碳小车小齿轮也属于盘类零件。其特征结构式回转体，并且在装配体中起到改变转速和传递转矩的作用，在视图选择时用全剖视图作为其主视图，表达其内部孔的要求及其他螺纹特征，辅助视图则表达其齿轮特征。标注尺寸时以轴线作为径向基准，以断面作为轴向基准，另外还需建立表格特别注明齿轮的模数、齿数、压力角等重要参数。

1. 打开小齿轮零件实体图

在CATIA软件主界面，选择菜单栏中的"文件"｜"打开"，弹出"选择文件"对话框（图6-56），单击"xiaochilun.CATpart"文件，单击"打开"按钮，打开小齿轮零件的三维

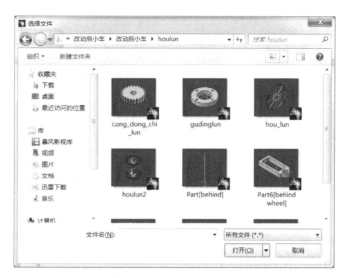

图 6-56 打开小齿轮零件

模型。

2. 新建工程图

选择菜单栏中的"文件"|"新建",弹出"新建"对话框,选择"Drawing",单击"确定"按钮,新建 A4 工程图纸,并完成 A4 图框和标题栏的选择和编辑。

3. 创建视图

(1)创建主视图 选择菜单栏中的"文件"|"编辑"|"工作视图"切换到工程图的"工作视图"界面中,选择菜单栏中的"插入"|"视图"|"投影"|"正视图",再选择菜单栏中的"窗口"|"chilun. CATpart",切换到零件设计环境窗口,选取 XY 平面作为投影平面,系统返回到工程图窗口。利用方向控制器调整投影方向(图 6-57),单击图样中的适当位置,完成主视图的创建(图 6-58)。

图 6-57 主视图预览

图 6-58 创建主视图

(2)创建全剖视图 在"工作视图"界面下,选择菜单栏中的"插入"|"视图"|"截面"|"偏移剖视图",在齿轮主视图中,依次单击两点来定义剖切线,在拾取第二点后双击结束拾取,单击视图适当位置,生成全剖视图,完成小齿轮全剖视图创建(图 6-59)。

(3)创建全剖视图中分度圆 在"工作视图"界面下,选择菜单栏中的"插入"|"修饰"|"轴和螺纹"|"轴线",在齿轮主视图中,依次单击两条轮廓线,在拾取第二点后双击结束拾取,单击视图适当位置,生成分度圆(图 6-60)。

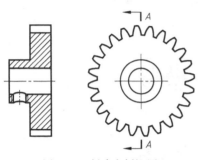

图 6-59　创建全剖视图

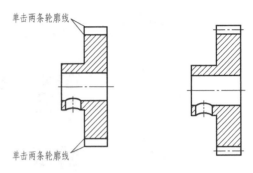

图 6-60　齿轮分度圆生成

4．生成尺寸

在"工作视图"界面下，选择菜单栏中的"插入"｜"生成"｜"生成尺寸"，弹出"尺寸生成过滤器"对话框（图 6-61a），单击"确定"按钮，弹出"生成的尺寸分析"对话框（图 6-61b），显示自动生成尺寸预览，单击"确定"按钮，完成尺寸的自动生成。

a)

b)

图 6-61　生成尺寸

a)"尺寸生成过滤器"对话框　b)"已生成尺寸分析"对话框

5．编辑尺寸

（1）调整尺寸位置　在"工作视图"界面中，选择要移动的尺寸，单击并移动至合适的位置，完成尺寸的移动（图 6-62）。

（2）删除多余尺寸　在"工作视图"界面中，选择重复尺寸或不必要尺寸（图 6-63），右击，选择"删除"，即删除该尺寸。

（3）添加尺寸　在"工作视图"界面下，选择菜单栏中的"插入"｜"尺寸标注"｜"尺

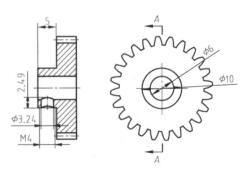

图 6-62　调整尺寸线

寸"|"尺寸"，在小齿轮全剖视图中，为小齿轮添加缺少或标错视图的尺寸（图6-64）。

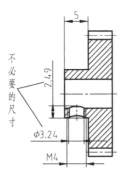

图 6-63　删除尺寸

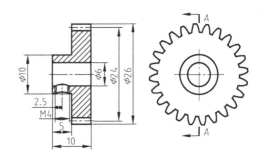

图 6-64　添加缺少的尺寸

6. 创建小齿轮参数表

在"工作视图"界面下，选择菜单栏中的"插入"|"标注"|"表"|"表"，在工程视图右上角，添加3行2列的小齿轮参数表。选择菜单栏中的"插入"|"标注"|"文本"|"文本"，添加图样右上角表格中的文本（图6-65）。

7. 标注尺寸公差

在工作视图中，选中要标注尺寸公差的尺寸 $\phi6$ 并右击，弹出"属性"对话框（图6-66a），并选择"公差"项，然后按图设置，单击"确定"按钮，完成该尺寸的标注（图6-66b）。

齿数	24
模数	1
压力角	20°

图 6-65　齿轮参数表

a)

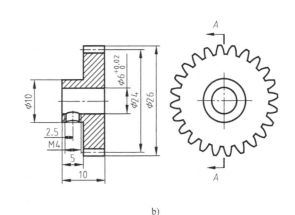

b)

图 6-66　标注尺寸公差
a)"属性"对话框　b)标注公差

8. 标注形位公差

在"工作视图"界面下，选择菜单栏中的"插入"|"尺寸标注"|"公差"|"基准特征"，在 $\phi6$ 尺寸线下放置基准号 A（图6-67a）。选择菜单栏中的"插入"|"尺寸标注"|"公差"|"形位公差"，在 $\phi26$ 尺寸线下合适位置单击，弹出"形位公差"对话框（图

6-67b），按图设置形位公差值，并将设置好的形位公差标注（图 6-68）。

a)   b)

图 6-67　标注形位公差（一）

a）标注基准符号　b）"形位公差" 对话框

9. 标注表面粗糙度

在"工作视图"界面下，选择菜单栏中的"插入"｜"尺寸标注"｜"符号"｜"粗糙度符号"，单击需要标注表面粗糙度的面，弹出"粗糙度符号"对话框，设置表面粗糙度参数，单击"确定"按钮，完成表面粗糙度的标注，并设置其余表面的表面粗糙度 Ra 值为 $3.2\mu m$（图 6-69）。

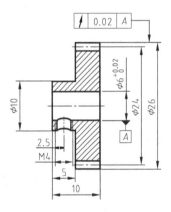

图 6-68　标注形位公差（二）

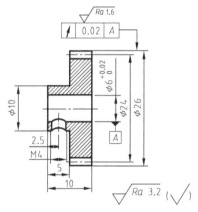

图 6-69　标注表面粗糙度

10. 创建技术要求

在"工作视图"界面下，选择菜单栏中的"插入"｜"标注"｜"文本"｜"T 文本"，在图样中任意位置单击，确定文本的放置位置，弹出"文本编辑器"对话框（图 6-70），在"文本属性"工具条中设置文本高度值为 7，输入图 6-72 所示的文本内容（如需换行，可使用组合键<Ctrl+Enter>），单击"确定"按钮，完成技术要求的创建，则完成小齿轮工程图的绘制。

图 6-70　"文本编辑器" 对话框

6.4 无碳小车叉架类工程图

叉架类零件一般是机器上用于操纵机构的零件，由拨叉、连杆、支座等部分构成。这类零件的加工特点是加工位置多变，因此在视图表达选择主视图时，需要特别考虑零件的工作位置和形状特征。除了主视图以外，通常还需要选择两个或两个以上的基本视图以及适当数量的局部视图、断面图等才能完整表达出零件的外形和局部结构。

无碳小车单轮上架（图5-68）在小车装配中起到支撑作用，零件的六面体中包含多个孔特征及减轻槽，可选用三视图的方法表达，并用局部剖视图的方法展示内部螺纹孔特征。在标注尺寸时，选用安装基面或零件的对称面作为尺寸基准。因为需要采用多次定位的方法加工，所以需要特别标注基准面及形位公差的要求。

具体创建步骤如下：

1. 打开单轮上架实体图

打开零件"danlunshangjia. CATpart"文件。

2. 新建工程图

选择菜单栏中的"文件"|"新建"，弹出"新建"对话框，选择"Drawing"，单击"确定"按钮，建立 A4 工程图纸，并完成图框的选择和标题栏的创建。

3. 创建视图

（1）创建"主视图" 选择菜单栏中的"编辑"|"工作视图"，系统返回工程图编辑界面。在"工作视图"界面中，选择菜单栏中的"插入"|"视图"|"投影"|"正视图"，再选择菜单栏中的"窗口"|"danlunshangjia. CATpart"，切换到零件设计环境窗口，选取 ZX 平面作为投影平面。

选择好所需的投影面后，自动转换到工程图设计环境，利用方向控制器，调整所需的视图角度（图6-71），单击图纸中的适当位置，完成主视图的创建（图6-72）。

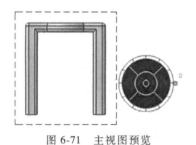

图 6-71 主视图预览　　　　　　　　　　　　图 6-72 主视图创建

（2）创建辅助视图 在"工作视图"界面下，选择菜单栏中的"插入"|"视图"|"投影"|"投影"，围绕主视图依次生成左视图和俯视图（图6-73）。

（3）创建全剖视图 在"工作视图"界面下，单击俯视图然后选择菜单栏中的"插入"|"视图"|"投影"|"辅助"，用鼠标选取辅助视图的方向，全剖视图会相应的显示在其对应方向上，同时删除主视图，用全剖视图代替主视图（图6-74）。

（4）创建局部剖视图 在"工作视图"界面下，选择菜单栏中的"插入"|"视图"|"断开视图"|"剖面视图视图"，在右视图中，绘画剖切范围，系统弹出3D查看器，然后单

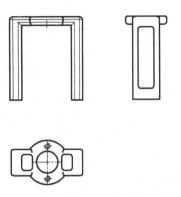

图 6-73　创建左视图和俯视图

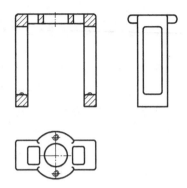

图 6-74　创建全剖视图

击"确定"按钮，完成右视图内螺纹孔的剖切（图 6-75）。

4. 生成尺寸

在"工作视图"界面下，选择菜单栏中的"插入"｜"生成"｜"生成尺寸"，弹出"生成的尺寸分析"对话框（图 6-76a），显示自动生成尺寸预览，单击"确定"按钮，完成尺寸的自动生成（图 6-76b）。

5. 编辑尺寸

（1）删除尺寸　在工作视图中，选取重复尺寸，右击，选择"删除"，即删除该尺寸。然后将尺寸线调整至合理位置（图 6-77）。

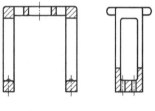

图 6-75　创建局部剖视图

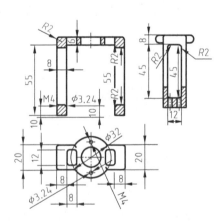

图 6-76　自动生成尺寸

a）"生成的尺寸分析"对话框　b）自动生成尺寸样式

（2）增加尺寸　在"工作视图"界面下，选择菜单栏中的"插入"｜"尺寸标注"｜"尺寸"｜"尺寸"，标注未自动生成的尺寸（图 6-78）。

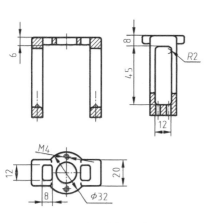

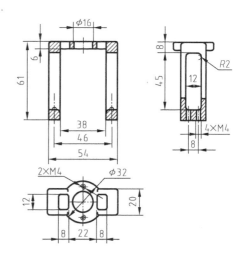

图 6-77　编辑尺寸　　　　　　　　　　图 6-78　补充尺寸后的工程图

6．标注尺寸公差

对需要标注公差的尺寸右击，在编辑选项里选择"属性"，弹出"属性"对话框（图 6-79），选择"公差"选项，编辑尺寸所需要的"主值""上限值"和"下限值"，单击"确定"按钮，完成尺寸公差标注（图 6-80）。

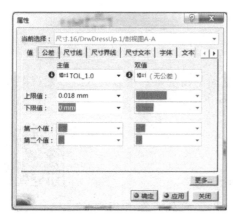

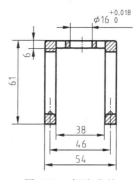

图 6-79　"属性"对话框　　　　　　　图 6-80　标注公差

7．标注基准符号

在"工作视图"界面下，选择菜单栏中的"插入"|"尺寸标注"|"公差"|"基准符号"，选取所需要建立的基准对象，弹出"修改基准符号"对话框（图 6-81），定义基准符号名称，如字母"A"，单击"确定"按钮，完成基准符号标注（图 6-82）。

8．标注形位公差

在"工作视图"界面下，选择菜单栏中的"插入"|"尺寸标注"|"公差"|"形位公差"。选取已标注的尺寸线，定义放置位置并单击，弹出"形位公差"对话框（图 6-83），定义公差类型。在"公差"文本框里输入公差值 0.01。定义参考基准，在"参考"文本框里输入字母"A"，单击"确定"按钮，完成形位公差标注（图 6-84）。

图 6-81　"修改基准符号"对话框

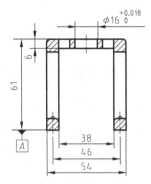

图 6-82　创建基准符号

图 6-83　"形位公差"对话框

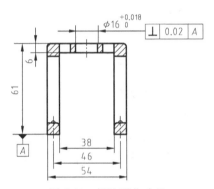

图 6-84　标注形位公差

9. 插入等轴侧视图

根据视图和尺寸大小的比例，在图框中有多余空间的情况下，可以插入等轴侧视图作为辅助视图，在"工作视图"界面下，选择菜单栏中的"插入"｜"视图"｜"投影"｜"等轴侧视图"，选择摆放位置后确定，则完成单轮上架的工程图。

6.5　无碳小车底板工程图

无碳小车的底板属于装配体中最重要的零件之一，起到支撑和定位作用，如图 5-17 所示。采用底板表面作为主视图，最能清楚地表达出各个孔的定位关系，利用俯视图表达零件的厚度的特征。如果因为视图比例关系，也可配合使用局部放大视图。在标注尺寸时则需找到安装基准以及定位基准，并标注孔或者槽之间的位置距离。

具体创建步骤如下：

1. 打开底板零件实体图

打开零件"diban.CATpart"文件。

2. 新建工程图

选择菜单栏中的"文件"｜"新建"，弹出"新建"对话框，选择"Drawing"，单击"确定"按钮，建立 A3 工程图纸，并完成图框的选择和标题栏的创建。

3. 创建视图

（1）创建主视图　选择菜单栏中的"编辑"｜"工作视图"，系统返回工程图编辑界面。

在"工作视图"界面中，选择菜单栏中的"插入"|"视图"|"投影"|"正视图"，再选择菜单栏中的"窗口"|"diban.CATpart"，切换到零件设计环境窗口，选取 *ZX* 平面作为投影平面。

选择好所需的投影面后，自动转换到工程图设计环境，利用方向控制器调整所需的视图角度（图 6-85），单击绘图区的适当位置，完成主视图的创建（图 6-86）。

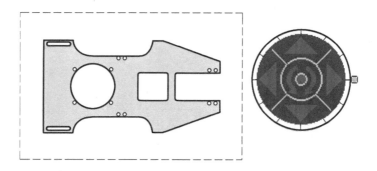

图 6-85 主视图预览

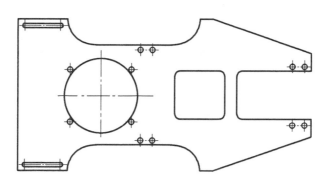

图 6-86 主视图创建

（2）创建俯视图 在"工作视图"界面下，选择菜单栏中的"插入"|"视图"|"投影"|"投影"，选择摆放位置，单击后生成俯视图（图 6-87）。

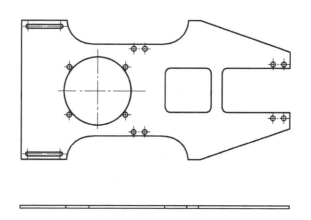

图 6-87 俯视图创建

4. 生成尺寸

在"工作视图"界面下，选择菜单栏中的"插入"|"生成"|"生成尺寸"，弹出"生成的尺寸分析"对话框（图6-88a），显示自动生成尺寸预览，单击"确定"按钮，完成尺寸的自动生成（图6-88b）。

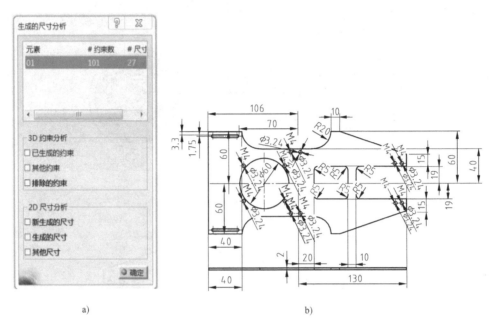

a) b)

图 6-88 生成尺寸

a)"生成的尺寸分析"对话框 b) 自动生成尺寸

5. 编辑尺寸

（1）删除多余尺寸并调整尺寸位置 在工作视图中，选择重复尺寸或不必要尺寸，右击，选择"删除"，即删除该尺寸。然后选择要移动的尺寸，单击并移动至合适的位置，完成尺寸的移动（图6-89）。

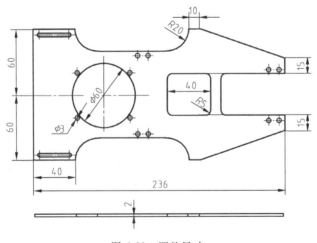

图 6-89 调整尺寸

（2）增加尺寸　在"工作视图"界面下，选择菜单栏中的"插入"|"尺寸标注"|"尺寸"|"尺寸"，标注未自动生成的尺寸（图6-90）。

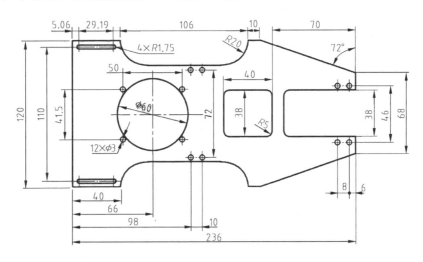

图6-90　增加尺寸

6. 创建技术要求

在"工作视图"界面下，选择菜单栏中的"插入"|"标注"|"文本"|"T 文本"，在图样中任意位置单击，确定文本的放置位置，弹出"文本编辑器"对话框（图6-91），在"文本属性"工具条中输入图6-91所示的文本内容，单击"确定"按钮，完成技术要求的创建，按照上述方法完成所有步骤，即完成后轮零件的工程图。

图6-91　技术要求编辑框

6.6　无碳小车弹簧工程图

弹簧属于常用件，和其他类型零件一样在充分表达零件结构特征前提下尽可能用少量的视图去描述，选择主视图投影方向的原则是最大限度地反映零件形状特征，即信息量最多的那个视图，其他视图则作为补充，还需考虑审美和布局，如图5-87所示。

具体创建步骤如下：

1. 打开弹簧零件实体图

打开零件"liangantanhuang. CATpart"文件。

2. 新建工程图

选择菜单栏中的"文件"|"新建"，弹出"新建"对话框，选择"Drawing"，单击"确定"按钮，创建A4图纸，并完成图框选择和标题栏信息的编写。

3. 创建视图

（1）创建主视图　在"工作视图"界面下，选择菜单栏中的"文件"|"编辑"|"工作视图"切换到工程图的"工作视图"界面中，选择菜单栏中的"插入"|"视图"|"投影"|"正视图"，再选择菜单栏中的"窗口"|"tanhuang.CATpart"，切换到零件设计环境窗口，选取 *XY* 平面作为投影平面，系统返回到工程图窗口。利用方向控制器调整投影方向（图6-92），单击图纸的适当位置，完成主视图的创建（图6-93）。

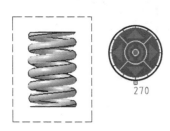

图 6-92　主视图预览

图 6-93　创建主视图

（2）创建左视图　在"工作视图"界面下，选择菜单栏中的"插入"|"视图"|"截面"|"偏移剖视图"，在弹簧主视图中，依次单击两点来定义剖切线，在拾取第二点后双击结束拾取，单击并移动至合适的位置，生成全剖视图。选择菜单栏中的"插入"|"修饰"|"轴和螺纹"|"中心线"，为全剖视图的每个剖切的弹簧截面圆添加中心线，完成轴承座左视图创建（图6-94）。

4. 生成尺寸

在"工作视图"界面下，选择菜单栏中的"插入"|"尺寸标注"|"尺寸"|"尺寸"，手动添加尺寸"9"和"1.5"。选择菜单栏中的"插入"|"尺寸标注"|"尺寸"|"直径尺寸"，添加"φ1"和"φ5"两个直径尺寸（图6-95），完成连杆弹簧的工程图。

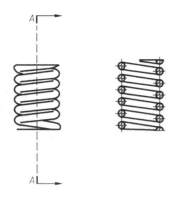

图 6-94　创建左视图

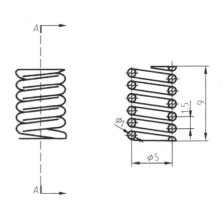

图 6-95　标注尺寸

第 3 部分

装配工程图

第7章

装配图基本知识

7.1 装配图的作用

装配图是表达机器、部件或组件的图样。在设计过程中，通常是根据机器或部件的用途、性能要求构思其工作原理，画出装配示意图，再画出装配图；然后按照装配图，拆画并设计零件图；制造产品时，按照装配图进行装配、检验和试验等工作；使用产品时，装配图是了解产品结构以及正确使用、调试、维修产品的重要依据。因此装配图是反映设计思想、指导装配和使用机器以及进行技术交流的重要资料。

7.2 装配图的内容

一张完整的装配图（图7-1）必须具有以下内容。

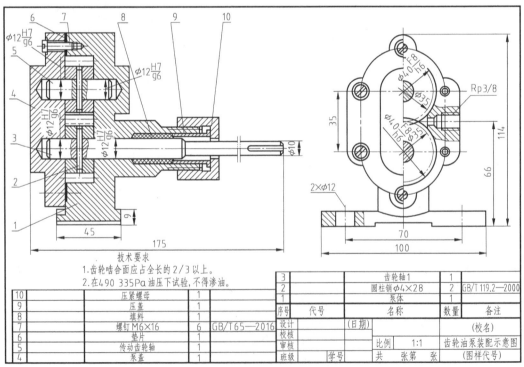

图 7-1 装配图示例

1. 一组视图

一组视图的作用是清楚地反映部件工作原理、传动路线和工作性能，零件间的相对位置、装配和连接关系以及主要零件的形状特征等。

2. 必要尺寸

装配图与零件图不同，不是用来直接指导零件生产的，不需要也不可能标注出每个零件的所有尺寸，主要标注表示机器或部件的规格、特征及装配、检验、安装时所需要的尺寸，如安装尺寸、外形尺寸及配合公差等。

3. 技术要求

用文字和符号说明装配、调试、检验、安装以及维修、使用等要求。

4. 零件序号、明细栏和标题栏

组成机器或组件的每一种零件，在装配图上必须按一定的顺序编上序号，并编制出明细栏。明细栏中注明各种零件的序号、代号、数量、材料规格，以便读图、图样管理及进行生产准备和组织工作。

7.3 装配图的表达方法

装配图和零件图一样，也是采用正投影的原理，根据国家标准的相关规定绘制。零件图中采用的表达方法，如视图、剖视图和断面图等，同样适用于装配图表达。除此之外，国家标准还规定了零件之间的规定画法、特殊画法和一些简化画法。

7.3.1 装配图的规定画法

在装配图中，为了便于区分不同零件，正确理解零件之间的装配关系，国家标准对装配图规定了以下画法：

1）相邻两零件接触表面只画一条线，不接触表面和非配合表面应画两条线，如图 7-2 所示。

2）两个或两个以上金属零件邻接时，各零件的剖面线倾斜方向应相反，若方向一致，也应使线条错开、间距不等，如图 7-2 所示。

3）同一零件的剖面线倾斜方向和间隔距离应一致，如图 7-3 所示。

4）当剖切平面通过螺钉、螺母、垫圈等连接件及轴、手柄、连杆、键、销、球等实心

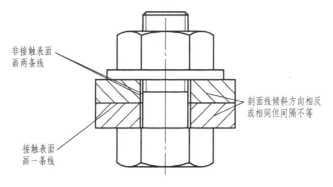

图 7-2　配合、接触面、不接触面画法

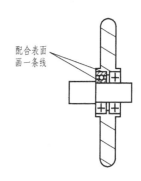

图 7-3　相同零件剖面线

件的基本轴线时，这些零件均按不剖绘制。当其上的装配结构需要表达时，可采用局部剖视图表示，如图 7-4 所示。

5）零件厚度小于或等于 2mm 的狭小面积的剖面，允许将剖面涂黑代替剖面线，如图 7-5 所示。

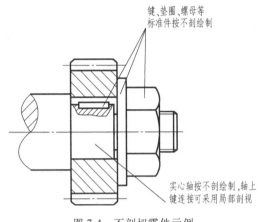

图 7-4　不剖切零件示例　　　　　　图 7-5　厚度小于 2mm 剖面的剖面线

7.3.2　装配图的特殊表达方法

在装配图中，为了简单而清楚地表达一些部件、零件的结构特点，还使用了一些特殊画法，如假想画法、拆卸画法、沿接合面剖切画法、零件的单独表达画法、夸大画法、简化画法等。

1. 假想画法

当需要表达运动零件的运动位置时，可采用双点画线画出该零件极限位置的投影，如图 7-6 所示；当需要表示不属于本部件，但与其有装配关系的相邻零部件时，也可用双点画线画出这些零件的轮廓，如图 7-7 所示。

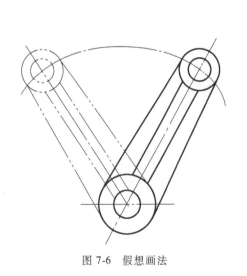

图 7-6　假想画法　　　　　　　　图 7-7　右端刀具假想画法

2. 拆卸画法

为了表达被遮挡零件的装配关系或其他零件时，可以假想拆去一个或几个零件画出所表达的部分，并在上方标注"拆去××等"说明，如图 7-8 所示。

3. 沿接合面剖切画法

为了表达部件的内部结构，可假想沿某些零件的接合面剖切，零件的接合面不画剖面符号，但被剖到的零件则必须画出剖面符号。

4. 零件的单独表达方法

装配图中，当某个主要零件形状没有表达清楚时，可以单独画出该零件的某个视图。

5. 夸大与简化画法

对薄片零件、细小零件、零件间很小的间隙、很小的锥度等可适当夸大尺寸画出。在装配图中，零件的工艺结构，如倒角、小圆角、退刀槽及其他细节常省略不画，如图 7-9 所示。

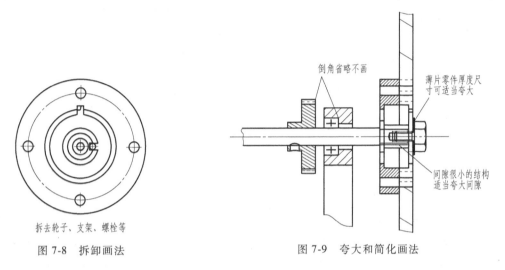

图 7-8　拆卸画法　　　　　　　图 7-9　夸大和简化画法

6. 相同零件组的简化画法

对于装配图中若干相同的零件组，如螺纹连接件等可详细地画出一组，其余只需用点画线表示出中心位置即可，如图 7-10 所示。

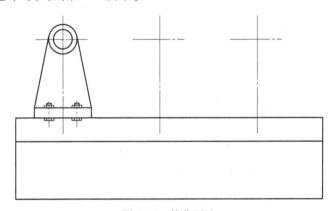

图 7-10　简化画法

7. 展开画法

为了表达传动机构的传动路线和装配关系，可假想按传动顺序沿周线剖切，然后依次将各剖切平面展开在一个平面上，画出其剖视图。此时应在展开图上方注明"×—×展开"字样，如图 7-11 所示。

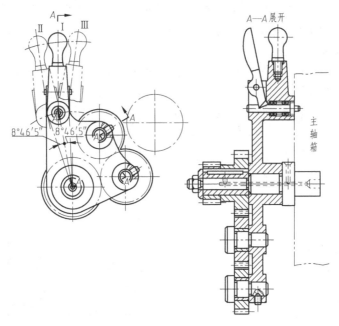

图 7-11　展开画法

8. 爆炸视图

为了更清楚地表达产品的组成，把产品的各个零件按照装配顺序或按一定的空间分布关系，用等轴测图或其他具有立体视觉效果的视图来表示，形成一个视图，与其他平面视图组合在一张工程图中，这种用于表达产品装配组成及其装配顺序关系的空间视图称为爆炸视图。爆炸视图能帮助人们更深入地理解机器或产品的使用维护，因而在现代机械工程中越来越广泛地被采用，也可以作为装配工程图的附件单独出图。爆炸视图能为产品或机器的装配和维修操作提供极大的便利。图 7-12b 所示为图 7-12a 所示的滑动轴承的爆炸视图，它将该滑动轴承的所有组成零件和装配顺序均在空间中展示出来。

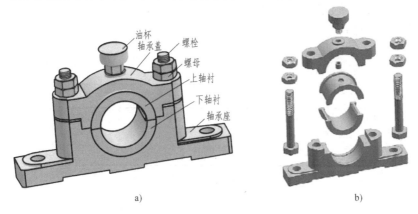

图 7-12　滑动轴承装配

a）滑动轴承装配图　b）滑动轴承爆炸视图

7.4 零件结构的装配工艺性

装配结构影响产品的质量和生产成本，甚至决定产品能否制造，因此在设计时应该做到零件接合精确可靠；零件结构简单，加工工艺性好；同时又便于装配和拆卸。需要注意的方面如下：

1）两个零件在同一方向上不应有两组面同时接触或配合，如图7-13所示。

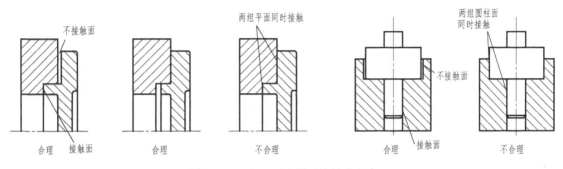

图7-13 两组面不应同时接触或配合

2）必须保证轴肩与孔的端面接触良好（图7-14），轴上切槽则装配后接触可靠；倒角距离大于圆角半径则装配后接触可靠。

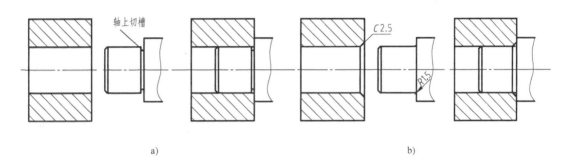

图7-14 轴肩与孔接触良好

a）轴上切槽 b）倒角距离大于圆角半径

3）必须考虑装拆的方便和可能。螺栓间距必须考虑工具活动空间的需要（图7-15a）；零件结构空间必须大于螺栓的长度等（图7-15b）。

4）滚动轴承在箱体和轴上的装配必须符合拆卸要求。若箱体孔径设计不合理，将无法拆卸，如孔径过小或轴肩过高，都将无法拆卸，如图7-16所示。

5）密封结构。在输送液体的泵类和控制液体的阀类部件中，常采用填料密封装置。当填料被压盖压紧后，即可达到密封要求。设计时应使填料压盖处于可调节位置（如留有6～8mm的间隙），如图7-17所示。

6）销配合处结构。为了保证两零件在装拆前后不致降低装配精度，通常用圆柱销或圆锥销将零件定位。为了加工和装拆的方便，如果条件允许（如图7-18a所示为无条件做成通孔），最好做成通孔，圆锥销小孔处也做成通孔，如图7-18b、c所示。

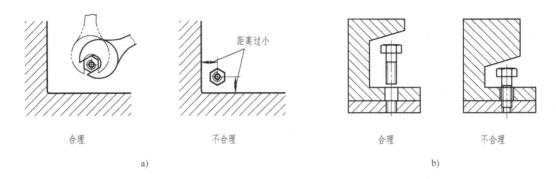

合理　　　　　　不合理　　　　　　　　　合理　　　　　　不合理

a)　　　　　　　　　　　　　　　　　　　b)

图 7-15　拆卸方便性装配

a）螺栓间距合理性　b）零件结构空间合理性

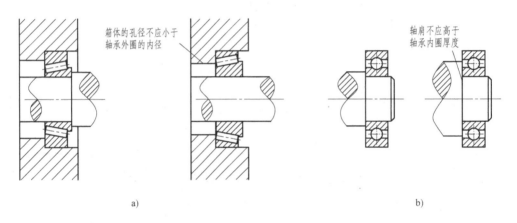

箱体的孔径不应小于轴承外圈的内径

轴肩不应高于轴承内圈厚度

a)　　　　　　　　　　　　　　　b)

图 7-16　轴承拆卸合理性装配

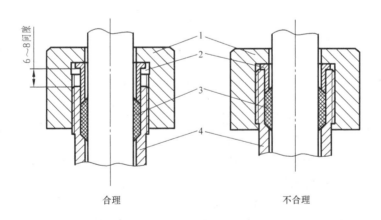

合理　　　　　　　　　　不合理

图 7-17　密封结构

1—调节螺母　2—压盖　3—填料　4—阀体

7）紧固件装配结构。为了增大接触面，使螺栓、螺母、螺钉、垫圈等紧固件与被连接表面接触良好，在被连接件的表面应加工成凸台或沉孔等结构（图 7-19）。

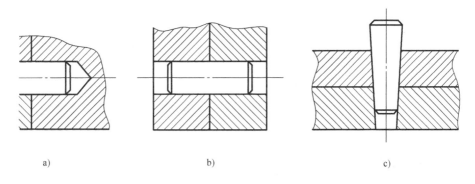

图 7-18 销配合处结构

a）不通孔　b）通孔 1　c）通孔 2

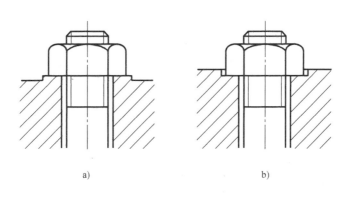

图 7-19 紧固件装配结构

a）凸台　b）沉孔

7.5　装配图的尺寸标注和技术要求

7.5.1　装配图的尺寸标注

在装配图中，一般只需标注几种类型的尺寸。装配图中的技术要求，主要包括装配方法与质量要求，检验、调试中的特殊要求及安装、使用中的注意事项等内容，一般用文字注写在图样下方空白处。

1）规格、性能尺寸。表示该产品规格大小或工作性能的尺寸。

2）装配尺寸。表示机器或部件中各零件间装配关系的尺寸，包括配合尺寸和相对位置尺寸等，如 $\phi 7H7/h6$。

3）安装尺寸。表示部件安装在机器上的尺寸或机器安装在基座上的尺寸。

4）外形尺寸。表示机器总长、总宽和总高的尺寸，它反映装配体的外形大小，供包装、运输和安装时考虑所占空间。

5）其他重要尺寸。表示装配体的结构特点和需要，必须标注的尺寸。

7.5.2　装配图的技术要求

装配图上注写的技术要求通常从以下几个方面考虑：

1）装配后的密封、润滑等要求。

2）有关性能、安装、调试、使用、维修等方面的要求。

3）装配体在装配过程中应注意的事项及特殊加工要求，如有的表面需装配后加工，有的孔需要将有关零件装好后配作等。

4）有关试验或检验方法的要求。

5）装配图上的技术要求一般用文字注写在图样下方空白处，如果内容较多，也可以另编技术文件，作为图样的附件。

7.6　装配图中的零部件序号及明细栏

为了便于阅读和进行图样管理以及生产前的准备工作，在装配图中对所有零件必须编写序号（GB/T 4458.2—2003），并填写相对应的明细栏。序号的编写及明细栏的填写要求如下：

1）装配图中的每一种零件（尺寸、规格材料完全相同的零件）只编一个序号。序号由指引线（细实线）、线末端的小黑点（或箭头）以及序号数字组成，从零件的可见轮廓内引出。序号应注写在指引水平线上或圆圈内，并按水平或垂直方向顺序有规律地排列。指引线之间不能相交，当指引线通过有剖面线的区域时，指引线不应与剖面线平行，如图7-20a、d所示。

2）一组紧固件及装配关系清楚的零件组，可采用公共指引线，引出线一端与其中一个零件相连，横线应垂直排列（或水平排列），用细实线连接，如图7-20b、c所示。

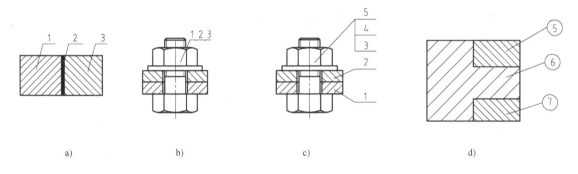

a)　　　　　　　　　b)　　　　　　　　　c)　　　　　　　　　d)

图7-20　零件编号标注

a）分开编号1　b）序号水平排列　c）序号垂直排列　d）分开编号2

3）明细栏位于标题栏的上方等宽并与它相邻连接和平齐，外框为粗实线，内框为细实线。位置不够时可在左边接续。明细栏中序号自下往上填写，如图7-21所示。

4）螺栓、螺母、垫圈等标准件，其标记通常分为两部分填入明细栏中。将标准代号填

3	单轮竖轴套	1	2A12			
2	单轮轴承座	1	2A12			
1	单轮竖轴	1	45钢			
序号	零件名称	数量	材 料	备注		
					比例	(图号)
6	轴承	1	45钢	前轮架		
5	前轮下架	1	2A12	制图	(单位)	
4	前轮支架	1	2A12	审核		

图 7-21 明细栏样例

入代号栏，其余规格尺寸等填在名称栏内。

5）备注栏，一般填写该项的附加说明或其他相关内容，如常用件的主要参数，包括齿轮模数、齿数，弹簧的内径或外径等。

第 **8** 章

无碳小车三维装配

8.1 装配设计工作台概述

CATIA 装配设计常用到的工具条有"产品结构工具"工具条、"约束"工具条、"移动"工具条等，具体如下：

（1）"产品结构工具"工具条　可实现零部件的添加、编号及管理，展开该工具条包含"多实例化"子工具条，如图 8-1 所示。

图 8-1　"产品结构工具"工具条

（2）"约束"工具条　可方便地实现零部件位置定义，如图 8-2 所示。

图 8-2　"约束"工具条

（3）"移动"工具条　可调整导入零件的方向和方位以便于装配，展开该工具条包含"捕捉"子工具条，如图 8-3 所示。

（4）"场景"工具条　可以对同一个装配体中的零部件指定不同的位置和属性，并保存下来，特别是一些机构零件，可以查看不同的运动状态，如图 8-4 所示。

图 8-3　"移动"工具条

图 8-4　"场景"工具条

8.2　无碳小车单轮机构装配

装配设计以无碳小车单轮机构为例，涉及单轮轴承座、单轮轴、单轮上架、单轮下架、单轮、单轮竖轴共六个主要零件，以下介绍其装配过程。

1. CATIA V5 软件的启动

双击桌面图标，运行 CATIA 软件，进入主界面。

2. 新建文件

单击"新建"图标□或选择菜单栏中的"文件"|"新建"，弹出"新建"对话框（图8-5），在"类型列表"列表框中，选择"Product"文件类型，单击"确定"按钮，新建"Product1. CATProduct"，进入装配工作环境。

（1）装配单轮上架和单轮轴承座　在装配设计工作台下，选择菜单栏中的"插入"|"现有部件"，或单击"产品结构工具"工具条下的"现有部件"图标，在结构树中选择"product1"，弹出"选择文件"对话框，选择"单轮上架"和"单轮轴承座"文件，单击"打开"按钮，即这两个零件插入到"product1"装配文件中。

单击"移动"工具条下的"操作"图标，弹出"操作参数"对话框（图8-6），选择零件移动的参照，单击"沿 Z 轴拖动"图标，选中要移动的零件，向上拖动单轮轴承座，如图8-7所示。

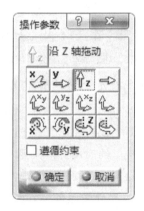

图 8-5　"新建"对话框　　　　图 8-6　"操作参数"对话框　　　图 8-7　移动后的效果

单击"约束"工具条下的"相合约束"图标，分别在零件上单击选择单轮轴承座和单轮上架有配合关系的通孔和螺纹孔，光标靠近要选择的孔时会出现孔的轴线，如图8-8所示。完成后，单击"更新"图标，零件会挪动到相应轴心相合位置，如图8-9所示。另外一对孔参照上述步骤操作，更新后的结果如图8-10所示。

单击"约束"工具条下的"接触约束"图标，通过按住鼠标滚轮和右键扭转零件。分别单击选择单轮轴承座台阶的上端面（图8-11）和单轮上架上端面（图8-12）。完成后单击"更新"图标，零件会移动使得两面接触，如图8-13所示。

图 8-8　孔轴线预览

图 8-9　轴心相合效果

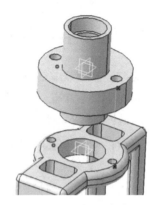

图 8-10　再次相合效果

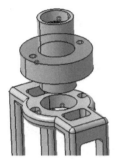

图 8-11　轴承座上端面

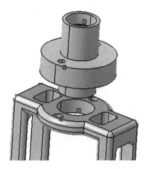

图 8-12　单轮上架上端面

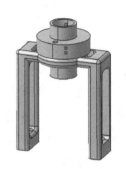

图 8-13　装配后效果

（2）单轮下架的装配　参照步骤（1）中的操作导入单轮下架，如图 8-14 所示。单击"约束"工具条下的"相合约束"图标 ⊘，分别在零件上单击选择单轮轴承座内孔轴线和单轮下架内孔轴线，如图 8-15 所示。完成后单击"更新"图标 ⊘，装配效果如图 8-16 所示。

单击"约束"工具条下的"偏移约束"图标 ⚙，再单击选择单轮下架的平面端面和"单轮轴承座"的下端面，弹出"约束属性"对话框（图 8-17），设置"方向"为"相反"，"偏移"为"1.5"，"－23"处尺寸为系统预设，不做考虑。单击"确定"按钮，再单击"更新"图标 ⊘，将装配体中的零件按照创建好的约束进行放置，如图 8-18 所示。

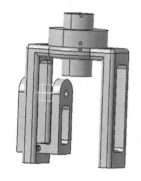

图 8-14　单轮下架导入效果

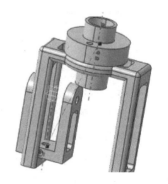

图 8-15　单轮轴承座内孔轴线和单轮下架内孔轴线

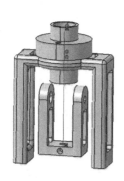
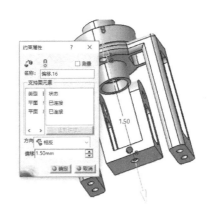

图 8-16　轴心相合效果　　　　图 8-17　"约束属性"设置和预览　　　图 8-18　偏移约束完成后的效果

（3）单轮、单轮轴和单轮竖轴装配　参照步骤（1）导入单轮、单轮轴、单轮竖轴三个零件，如图 8-19 所示。单击"移动"工具条下的"操作"图标，将未装配的零件位置进行移动以方便装配，如图 8-20 所示。

首先单击"约束"工具条下的"相合约束"图标，使单轮竖轴和单轮轴承座轴线相合；再次单击"约束"工具条下的"相合约束"图标，使单轮竖轴 M3 内螺纹端面与单轮轴承座上端面方向相同，如图 8-21 所示。

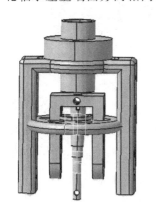

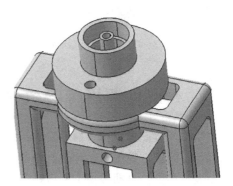

图 8-19　零件导入效果　　　　图 8-20　零件移动效果　　　　图 8-21　单轮竖轴装配效果

同样单击"约束"工具条下的"相合约束"图标，使得单轮轴和单轮下架轴心相合、端面相合，如图 8-22 所示。

接着单击"约束"工具条下的"相合约束"图标，使得单轮轴和单轮轴心相合，单击"更新"图标后的效果如图 8-23 所示。然后单击"约束"工具条下的"相合约束"图标，单击选择单轮零件中的 XY 平面，再单击选择单轮下架零件中的 XY 平面，弹出"约束属性"对话框（图 8-24），"方向"设置为"相反"。单击"确定"按钮，再单击"更新"图标后的效果如图 8-25 所示。

至此，完成单轮机构六个主要零件的装配。

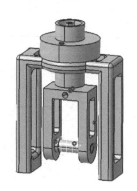

图 8-22　单轮轴装配效果

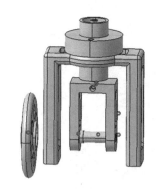

图 8-23　单轮和单轮轴轴心相合效果

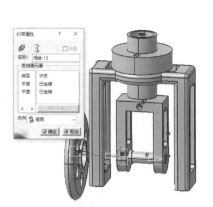

图 8-24　约束设置和预览效果

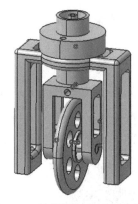

图 8-25　单轮机构装配完成效果

8.3　标准件调用与参数化

　　CATIA 装配模型构建时涉及装配多种标准件，CATIA 标准件库包含了常见
的螺栓、螺钉、螺母、销和键、垫圈、挡圈、吊环螺钉、顶丝、圆螺母等标准
件的设计参数，自动实现了模型构建，要使用时只需要按型号调用即可。

　　此处以无碳小车单轮机构的装配体为例，具体讲解在装配体中相关螺钉的调用。

　　1. 标准件导入

　　打开 8.2 节完成的单轮机构的装配体文件进入装配体界面。单击底部通用工具栏中的
"目录浏览器"图标 ，弹出"目录浏览器"对话框（图 8-26）。双击"螺钉"图标 Screw，
进入下一级。双击选择"ISO-4762-HEXAGON-SOCKET -HEAD-CAP-SCREW"内六角螺钉
（图 8-27），进入下一层级。双击选择型号（图 8-28），选择 M4×16 型号（图 8-29），单击
"确定"按钮，插入装配体中，如图 8-30 所示。

　　2. 标准件装配

　　将标准件导入后，同样通过约束将标准件装配到合适的位置。

　　单击"约束"工具条下的"相合约束"图标 ，分别在零件上单击选择螺钉轴心和单
轮轴承座孔的轴心，光标靠近要选择的对象时会出现相应轴线（图 8-31），完成约束后单击

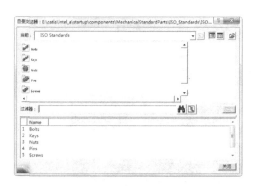

图 8-26 "目录浏览器"对话框

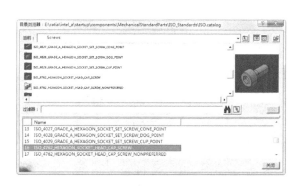

图 8-27 内六角螺钉选择界面

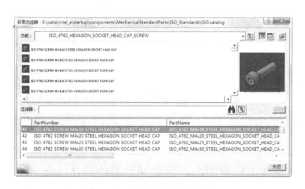

图 8-28 螺钉型号选择界面

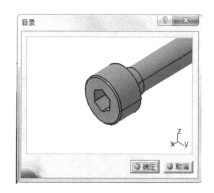

图 8-29 零件预览效果

"更新"图标 ⚙ ，零件会挪动到相应轴心相合位置（图 8-32）。再次使用"相合约束"，实现螺钉头下端面和单轮上架端面的相合效果，如图 8-33 所示。导入另外相同规格螺钉时，可在已导入螺钉在选中状态下，单击选择"快速多实例化"图标 🔧 ，实现相同零件快速复制。之后参照上述"孔"与"螺钉"的约束操作，完成对称侧螺钉装配。

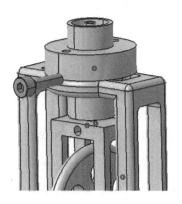

图 8-30 导入装配界面效果

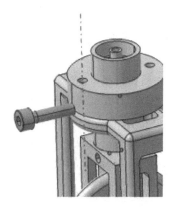

图 8-31 轴线预览界面

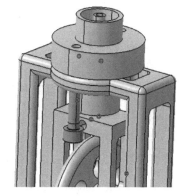

图 8-32 轴心相合效果

参照上述标准件导入步骤导入与单轮下架配合的紧定螺钉，然后使用"约束"工具条下的"相合约束"图标 🖉 和"接触约束"图标 🔲 完成装配，如图 8-34 所示。

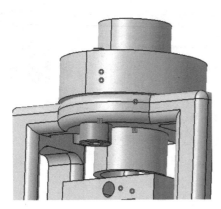

图 8-33　内六角螺钉装配完成效果

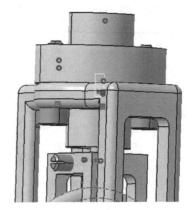

图 8-34　内六角螺钉和紧定螺钉调用及装配完成效果

8.4　无碳小车三维总装配体

一般情况下，在实际的产品设计过程中，首先考虑该产品的功能及装配方面的设计，然后对组成装配体的零部件进行详细的设计，在上述过程中需要考虑零部件在装配、功能及制造等方面的因素，即零部件的设计依赖于前期的功能及装配设计，因此实际的设计过程是按照自顶向下的装配方式。本书重点在工程制图上，因此基于零件设计已完成的前提下，将无碳小车装配完成，即为自底向上的装配方式。可按 8.2 节和 8.3 节的内容，将无碳小车各子装配体装配完成。无碳小车按功能可分为五个部分：单轮机构、连接杆机构、主动齿轮机构、后轮机构和重力驱动机构，如图 8-35 所示。

各子装配体完成装配后，再创建无碳小车三维总装配体。

1. 新建 product 文件

新建 product 文件后，在结构树中"product1"处右击，在弹出的快捷菜单中选择"属性"，弹出"属性"对话框（图 8-36a），在"零件编号"栏目下，将"product1"改成"zongzhuangpei"，则结构树中最上一级的名称变为"zongzhuangpei"，如图 8-36b 所示。

2. 固定底板

在装配设计工作台下，选择菜单栏中的"插入"|"现有部件"，或单击"产品结构工具"工具条下的"现有部件"图标，在结构树中选择"zongzhuangtu"，弹出"选择文件"对话框，选择"底板"零件，单击"打开"按钮，即插入到装配工作环境。

在装配工作环境下，选择菜单栏中的"插入"|"固定"，或单击"约束"工具条下的"修复部件"图标，在绘图区域选择"底板"零件，弹出"约束定义"对话框（图 8-37a），单击"确定"按钮，系统自动创建固定约束，绘图区域出现"固定"图标，表明已将底板固定在空间某一位置，如图 8-37b 所示。

3. 装配后轮机构

单击"产品结构工具"工具条下的"现有部件"图标添加现有部件，将后轮机构的子装配体添加到总装配体中，可以利用后轮支撑座与底板的约束关系，将后轮机构装配到底

图 8-35 无碳小车组成部分

a）单轮机构 b）连接杆机构 c）主动齿轮机构 d）后轮机构 e）重力驱动机构

板上，单击"约束"工具条下的"接触约束"图标 ⬚ ，选择后轮支撑座的底面和底板的上表面作为约束对象，如图 8-38 所示。

单击"约束"工具条下的"相合约束"图标 ⬛ ，选择图 8-39 所示的两个面作为约束对象，弹出"约束定义"对话框（图 8-40），设置"方向"为"相同"，完成相合约束。

最后单击"约束"工具条下的"偏移约束"图标 ⬛ ，使后轮支撑座与底板尾部相距 9mm（说明：底板中装配后轮支撑座的为 U 形槽，因此偏移值可调整，视实际装配而定），单击"更新"图标 ⬛ ，则完成后轮机构的装配，如图 8-41 所示。

其他机构的装配方法类似，不再赘述，最终组装出的小车如图 8-42 所示。

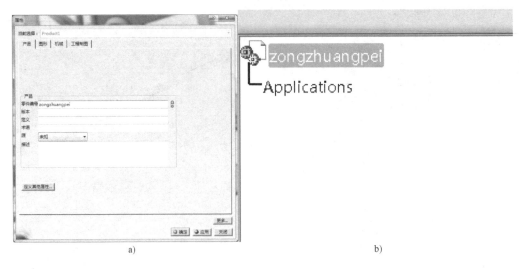

a)   b)

图 8-36   结构树中总装配名称修改

a)"属性"对话框   b)结构树中名称改变

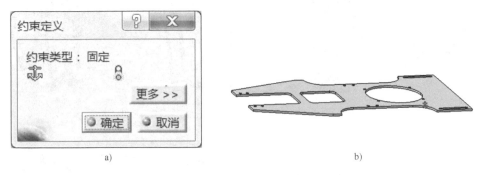

a)   b)

图 8-37   "固定约束"界面

a)"约束定义"对话框   b)固定零件

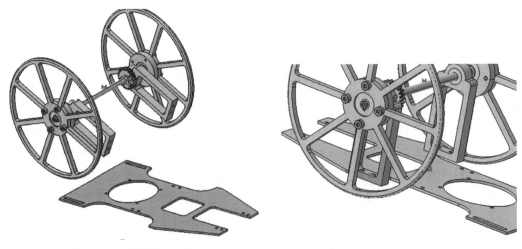

图 8-38   面接触约束对象   图 8-39   相合约束对象

图 8-40　相合约束方向修改

图 8-41　后轮机构的装配效果

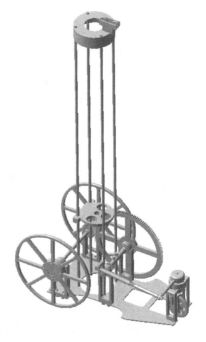

图 8-42　无碳小车三维总装配体

第 **9** 章

无碳小车装配工程图

9.1 CATIA 装配工程图生成的基本流程

CATIA 装配工程图生成的基本流程如下：

1）采用装配设计工作台，将各个零件按其装配关系装配成部件或产品，生成 ∗.CATProduct 文件。

2）设置不剖切零件（通常标准件和轴、轴套之类的零件在装配图中不剖切）。

3）新建工程图（选择制图标准、图纸样式，设置图框和标题栏）。

4）创建及编辑视图（创建基本视图、剖视图等）。

5）标注尺寸（性能尺寸、装配尺寸、外形尺寸、安装尺寸等）。

6）标注几何公差、表面粗糙度等。

7）创建和编辑明细栏。

8）添加零部件序号。

9）注释文本（技术要求）。

对于装配体生成工程图的步骤，其图幅设置、视图生成、技术要求、尺寸标注等方法基本与零件工程图相同，不同之处如下：

1）装配图中，对于标准件或回转体零件，如果其中心无特殊结构的，当剖面通过其回转中心时，有时做不剖处理，在 CATIA 自动生成的工程图中一般是对剖面通过的所有零件都进行剖面处理，这需要设计、制图人员利用相关功能对这些零件进行适当的编辑。

2）装配图中可能需要插入爆炸视图。

3）装配图中有明细栏和零件标号。

4）装配图中还要进行装配尺寸标注、配合公差标注，并说明装配技术要求等。

9.2 无碳小车总装图

CATIA 装配工程图操作与零件的工程图操作类似，不再赘述，本节以无碳小车三维装配图阐述其工程图的创建过程。

1. 新建装配工程图

（1）打开已经装配好的无碳小车三维文件　在 CATIA 软件主界面，选择菜单栏中的"文件"|"打开"，弹出"选择文件"对话框，单击第 3 部分第 8 章完成的三维总装配体文

件，单击"打开"按钮。

（2）新建工程图 选择菜单栏"文件"|"新建"，弹出"新建"对话框（图9-1a），选择工程图后单击"确定"按钮，弹出"新建工程图"对话框（图9-1b），选择 A0 图纸，标准选用国家标准（GB），参数设置完毕，单击"确定"按钮进入工程图环境。

a) b)

图 9-1 新建工程图

a)"新建"对话框 b)"新建工程图"对话框

（3）调入图框与标题栏 工程图的图框可以通过绘制而成，也可以选择现有的图框模板。本文选择套用图框模板。选择菜单中的"编辑"|"图纸背景"，进入"图纸背景"界面，单击图标 □，弹出"管理框架和标题块"对话框（图9-2），"标题块的样式"选择"GB_Titleblock1"，"指令"选择"creation"，单击"确定"按钮，产生装配图的标准图框。在标题栏中双击需要修改的标题栏文字，弹出"文本编辑器"对话框（图9-3），在文本编辑器里添加或修改标题栏文字——"总装图"，完成信息补充，同理把其余信息补充完整，如单位名称、比例、图号等，然后单击"编辑"|"工作视图"，回到"工作视图"界面中。

图 9-2 图框和标题栏选择　　图 9-3 标题栏信息输入

2. 视图生成

（1）创建主视图

1）选择菜单栏中的"插入"|"视图"|"投影"|"正视图"，或者直接在"投影"工具

条中单击"正视图"图标 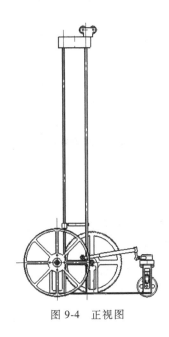，切换到 zongzhuangtu. CATProduct 三维装配图界面中，选取 *XY* 平面作为正视图的投影平面，系统自动返回至"工程图"窗口。在图纸上适合的位置单击以放置视图，利用"方向控制器"调整摆放角度位置，完成视图的创建，如图 9-4 所示。

2）调整视图比例，右击绘图区已经创建的正视图或结构树中的正视图，在弹出的快捷菜单中选择"属性"，弹出"属性"对话框（图 9-5），在"比例和方向"选项中把缩放比例改成 1∶2，将图缩小一半，以适应图纸大小。

图 9-4　正视图

图 9-5　修改比例

（2）创建投影视图　利用投影视图创建左视图和仰视图，在"投影"工具条中单击"投影视图"图标，或选择菜单栏中的"插入"|"视图"|"投影"|"投影"，把光标分别放在主视图的上、下、左、右侧，投影视图会相应地变化为不同的视图预览图，这里选择创建左视图和仰视图组成该产品的投影视图，如图 9-6 所示。

（3）创建等轴测视图　在工作视图中，单击"投影"工具条中的"等轴测视图"图标 或选择菜单栏中的"插入"|"视图"|"投影"|"等轴测视图"，切换到三维装配图环境中，将三维模型调整为等轴测视图状态，单击任意处，则自动切换到工程图设计环境，利用"方向控制器"调整视图的方向，单击空白处确定，完成轴测图的创建，同样将比例修改为 1∶2，使视图缩小为原来的一半，如图 9-7 所示。

（4）创建局部剖视图　在创建剖视图之前，首先要设置不剖切的零件，如螺钉、轴、轴套等。本文以单轮轴为例来设置不剖切：在三维装配模型中，右击结构树中"单轮轴"零件，在弹出的快捷菜单中选择"属性"，弹出"属性"对话框（图 9-8），单击"工程制图"选项卡，将"请勿在剖视图中切除"复选框选中，表明在工程图剖视中该轴不剖切。

按上述方法，把无碳小车中相关轴、轴套以及螺钉等不需要剖切的零件设置完毕。然后开始画局部剖视图，本装配图将无碳小车后轮机构装配和单轮机构装配进行局部剖切。

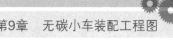
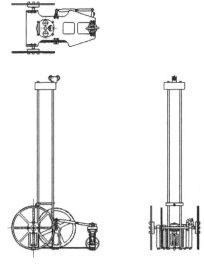

图 9-6　创建投影视图

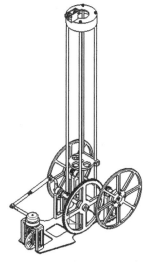

图 9-7　创建等轴测视图

图 9-8　"属性"对话框

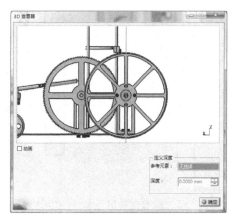

图 9-9　3D 查看器

在结构树中双击"左视图"以激活左视图，单击"断开视图"工具条下的"剖面视图"图标，绘制后轮机构剖切范围，弹出"3D 查看器"对话框（图 9-9），单击剖切平面线，并按住鼠标左键，调整剖切平面位置，调整位置至后轮轮毂中心线位置，单击"确定"按钮，完成局部剖视图的创建；以后轮为例，根据需要调整剖面线，右击后轮处剖面线，弹出"属性"对话框（图 9-10），把"阴影11"和"阴影 22"中的参数值均设置为相同，角度：60°，间距：2mm，偏移：0mm。修改不同零件的剖面线的参数，添加轴承简化画法，最终后轮局部剖视图如图 9-11 所示。

同理按上述步骤将单轮机构装配也做成剖视图，如图 9-12 所示。

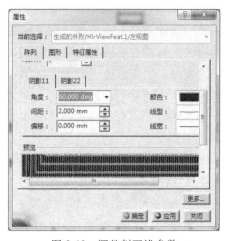

图 9-10　调整剖面线参数

（5）创建折断视图　有些结构较长且无变化的零件，可以采用折断视图来反应零件的尺寸形状，以节省图纸幅面。本文无碳小车四根支撑杆可以采用此视图，具体操作如下：在结构树中激活正视图，单击"断开视图"工具条中的"折断视图"图标 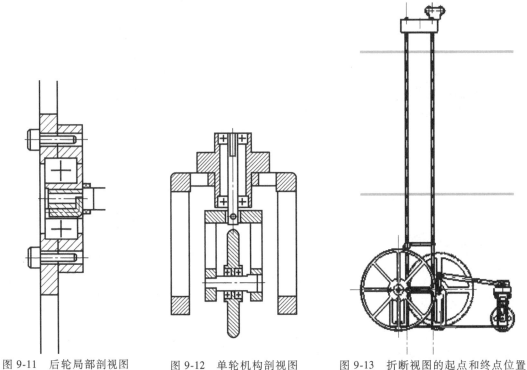，系统会提示"在视图中选择一个点以指示第一条剖面线的位置"，即折断视图的起点，选择支撑杆上端为起点位置，当系统提示"在视图中选择一个点以指示第二条剖面线的位置"时，选择支撑杆的下端作为终点位置，如图 9-13 所示。

图 9-11　后轮局部剖视图　　　图 9-12　单轮机构剖视图　　　图 9-13　折断视图的起点和终点位置

（6）局部视图　在 CATIA 中，折断视图和局部剖视图命令不能一起使用，由于左视图中使用了"剖视图"命令，折断视图命令不能再使用，为了保持左视图和主视图的图纸范围一致，且支撑杆上端结构已在主视图中清晰表达，因此采用裁剪命令，将支撑杆长度上部结构略去，保持左视图和主视图高度方向上一致，具体操作为：在结构树中双击"左视图"激活左视图，然后单击"裁剪"工具条下的"裁剪视图"图标，在左视图中选定要表达的范围，将支撑杆上端结构省略，完成后如图 9-14 所示。

如果图幅大小合适，无碳小车装配视图也可无需创建折断视图，则上述步骤（5）和（6）可省略。

至此，装配工程图的视图生成完毕。

3. 标注尺寸

（1）标注无碳小车总长、总宽、总高　单击"尺寸"工具条下的"尺寸"图标，选择主视图中左右两端点，标注小车总长。由于长度标注元素为圆弧，因此标注时可能默认为两圆弧中心间的距离，可右击，在弹出的快捷菜单中选择"扩展性定位"，选择更改第一尺寸界线和第二尺寸界线的定位，将定位改在圆弧顶点处（图 9-15），即选择"定位 2"，从而获得小车总长度尺寸为298.3mm；同理，标注小车总高，选择更改第一尺寸界线和第二尺寸界线的定位，获得总高为585mm；最后，再单击"尺寸"图标 ，选择后轮两侧边线，标注小车宽度为170mm。

（2）标注配合尺寸　无碳小车有很多回转运动，采用滚动轴承可减少摩擦，因此轴承装配的地方需要标注配合尺寸，如在左视图的后轮轴局部剖视图中标注配合尺寸。

单击"直径标注"图标 ，选择轴承上下边缘，标注孔的尺寸，右击该尺寸，在快捷菜单中选择"属性"，弹出"属性"对话框（图9-16），可修改参数，此处将精度修改成0.1，其余不变。

添加配合公差，采用基孔制、间隙配合。方法一：在"属性"对话框中，激活"公差"选项，在"主值"选项中选择公差类型，然后在下方"第一个值"和"第二个值"中分别填入"H7"和"f7"，单击"确定"按钮，完成配合公差的标注，如图9-17所示。方法二：可通过直接添加文本来标注公差：单击"文本"图标 ，并在需要标注的位置单击，弹出"文本编辑器"对话框（图9-18），填入文本"H7"，单击"确定"按钮；单击"文本属性"工具条中"添加下划线"图标 ；右击该文本，在弹出的快捷菜单中选择"属性"，弹出"属性"对话框（图9-19），在"文本"选项卡中将"方向"改成"竖直"，则文字变成垂直方向，重复上述操作，完成配合公差标注，如图9-20所示。

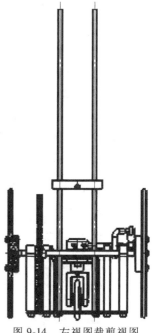

图9-14　左视图裁剪视图

图9-15　选择尺寸界线定位

图9-16　"属性"对话框

图9-17　添加"配合公差"

根据个人习惯和快捷性，选用上述两种方法之一可标注其余配合尺寸。

（3）极限位置尺寸　无碳小车通过重锤下落带动绕线轮转动，经四连杆机构带动前方单轮左右转动，同时经一级齿轮传动带动后轮转动，从而实现小车以"S"形路径行走，因此四连杆机构和前轮是运动部

图 9-18　"文本编辑器"对话框

件，需要标注其极限位置尺寸。此处采用创建两个极限位置的常规视图，将其中一个极限位置的视图与另一视图对齐合并，具体步骤如下：

图 9-19　文本属性修改

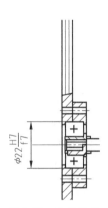

图 9-20　公差标注

1）修改三维装配图的运动位置。拖动罗盘至靠近无碳小车的主动齿轮机构的"大齿轮"零件模型上，激活该零件，右击罗盘，在弹出的快捷菜单中选择"编辑"选项（图 9-21），弹出"用于指南针操作的参数"对话框（图 9-22），沿 W 方向顺时针旋转 90°，单击"沿负值旋转增量"改变角度，单击"通用工具栏"区的"更新"图标 ⟳，小车的连杆机构就按照旋转的位置运动到另一极限位置，如图 9-23 所示。

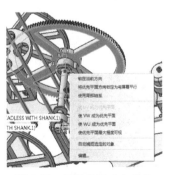

图 9-21　用罗盘转动大齿轮

图 9-22　罗盘参数设置

2）单击"投影"工具条下的"正视图"图标，切换到三维装配模型界面，单击 XY 平面，创建前轮左转极限位置的工程图，在"属性"对话框中，勾选"锁定视图"复选框，

使该视图不随三维模型的更新而更新，将该极限位置的视图保存下来，并修改缩放比例为
1∶2，如图 9-24 所示。

3）删除重复元素，保留四连杆机构，在"属性工具栏"区的"图形属性"工具条中将
线宽改为 0.13mm，转为细实线，如图 9-25 所示。

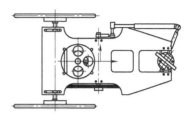

图 9-24　前轮左转俯视图

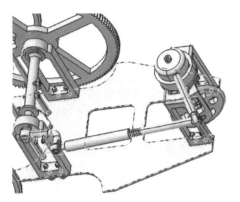

图 9-23　完成后的极限位置示意图

图 9-25　"图形属性"工具条

4）右击该正视图，在弹出的快捷菜单中选择"视图定位"中的"使用元素对齐视图"（图 9-26），将此视图与步骤 2 所建立的仰视图对齐合并，则完成两个极限位置的工程图创建，如图 9-27 所示。

5）单击"标注角度"按钮　，选择两极限位置的摇杆中心线，如图 9-28 所示。

CATIA 不仅提供了创成式的工程制图设计，还可以交互式绘制二维图样，因此上述部件的极限位置二维图样也可以通过手动绘制完成。图 9-29 所示是通过绘制完成的前轮右转极限位置，同理可完成角度标注。

4. 填写技术要求等

无碳小车零件表面不应有沟槽、划伤等缺陷，并且在保证零件按时按质完成后，无碳小车对行驶路径有一定的要求，因此在装配过程中需要进行调试。这些技术要求都要在装配工程图中体现。单击"文本"工具条下

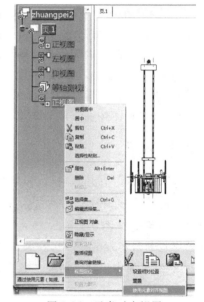

图 9-26　元素对齐视图

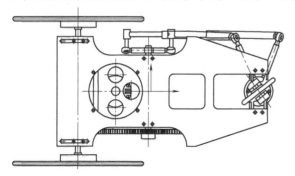

图 9-27　四连杆两极限位置合并

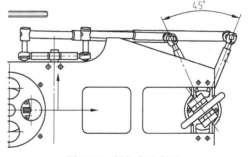

图 9-28　摇杆角度标注

的"文本"图标 **T**，在工程图右上角单击，弹出"文本编辑器"对话框（图9-30），输入技术要求的文字，同时按下<Shift+Enter>键进行文本换行。

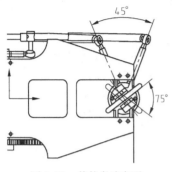

图 9-29　前轮角度标注

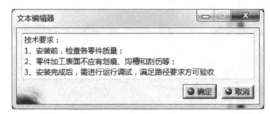

图 9-30　填写技术要求

9.3　无碳小车装配明细栏

完成无碳小车的装配视图、尺寸标注和技术要求后，需要对装配图配置明细栏。装配图明细栏包括以下内容：

1）对装配图中的零件进行编号。

2）将各个零件添加明细栏中的各项信息。

3）在装配体中编辑物料清单。

4）在工程图中插入物料清单。

9.3.1　编号

要配置装配图的明细栏首先要在三维装配模型中将各零件编号。单击"产品结构"工具条下的"生成编号"图标 ，单击结构树中总装配名称"zongzhuangpei"，弹出"生成编号"对话框（图9-31），"模式"选择"整数"，单击"确定"按钮，则按结构树中的装配顺序自动给零件编号。选择装配模型结构树中任意零件，右击进入"属性"对话框（图9-32），编号项中出现了对应的数字，说明零件编号完成。

图 9-31　生成零件编号

图 9-32　"属性"对话框

返回到装配图的工程制图工作台,单击"尺寸生成"工具条下的"生成零件序号"图标🔧,并单击结构树中"主视图",则在主视图中按照三维装配图中的零件编号自动标注好(图 9-33),生成的编号顺序交错,并有重叠,因此需要手动进行调整,有些编号不适合标注在主视图中,则可手动标注在其他视图中,如图 9-34 所示。

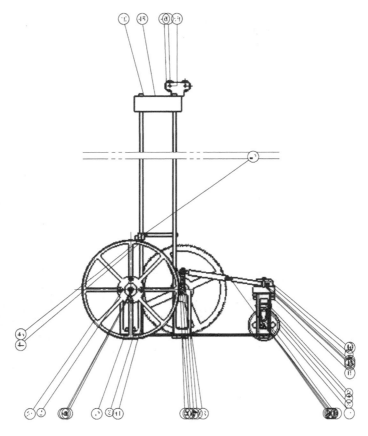

图 9-33 自动编号

9.3.2 在零件中添加自定义信息

建立装配图的明细栏包含以下信息:零件名称、材料及数量等,这些参数是和零件模型中的参数相对应的,而明细栏即体现为 CATIA 的物料清单(Bills of materials,BOM)。为了更清晰地表达这些信息,需要对零件模型添加或修改参数,使其与材料清单中的参数相吻合。

以无碳小车装配体中的底板为例,介绍在零件中添加以下物料清单的参数信息:代号、零件名称、材料、备注等。创建零件中底板的信息步骤如下:

1)打开装配体模型文件"zongzhuangpei.CATproduct"。

2)在结构树中右击底板零件,在弹出的快捷菜单中选择"属性",弹出"属性"对话框,修改或添加零件属性信息,单击"产品"选项卡后,单击"定义其他属性"按钮 **定义其他属性...** ,弹出"定义其他属性"对话框,如图 9-35 所示。

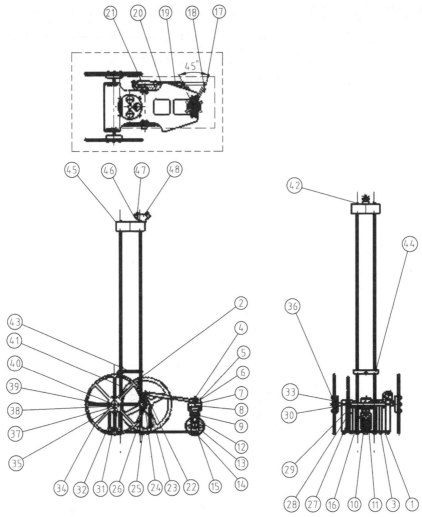

图 9-34　装配图零件编号

图 9-35　"定义其他属性"对话框

3）定义对话框参数。

① 添加"材料"属性。单击"新类型参数"按钮 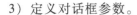，在下拉列表中选择"字符串"选项，在"编辑名称和值"的第一个文本框中输入属性名称"材料"，在第二个文本框中输入属性内容"2A12"，在对话框内的空白区域单击，完成"材料"属性的添加。

② 添加"名称"属性。单击"新类型参数"按钮 新类型参数，在下拉列表中选择"字符串"选项，在"编辑名称和值"的第一个文本框中输入属性名称"名称"，在第二个文本框中输入属性内容"底板"，在对话框内的空白区域单击，完成"名称"属性的添加。

③ 添加"代号"属性。单击"新类型参数"按钮 新类型参数，在下拉列表中选择"字符串"选项，在"编辑名称和值"的第一个文本框中输入属性名称"代号"，在第二个文本框中输入属性内容"WTXC-001"，在对话框内的空白区域单击，完成"代号"属性的添加。

④ 添加"数量"属性。单击"新类型参数"按钮 新类型参数，在下拉列表中选择"字符串"选项，在"编辑名称和值"的第一个文本框中输入属性名称"数量"，在第二个文本框中输入属性内容"1"，在对话框内的空白区域单击，完成"数量"属性的添加。

⑤ 添加"备注"属性。单击"新类型参数"按钮 新类型参数，在下拉列表中选择"字符串"选项，在"编辑名称和值"的第一个文本框中输入属性名称"备注"，在第二个文本框中输入属性内容，在对话框内的空白区域单击，完成"备注"属性的添加。

⑥ 单击"确定"按钮，完成该零件的属性添加。

⑦ 按上述步骤，将无碳小车的剩余非标准零件也添加上名称、代号、材料、数量、备注等信息。

9.3.3　编辑物料清单

1. 更改物料清单的项目

CATIA 可以通过设置"物料清单的属性"来更改物料清单列表的项目，列表项目可以默认也可以是 9.3.2 节所述的添加零件自定义信息的项目。物料清单的列表项目可以在使用物料清单的过程中随时进行修改。

1）选择菜单栏中的"分析"|"材料清单"，弹出"物料清单：WTXC"对话框（图9-36），第一份物料清单是结构树中第一级的零部件，包括底板和单轮、后轮等部件的子装配，依次是每个子装配的物料清单，最后是总的零件清单。

2）定义格式。单击"物料清单"选项卡下的"定义格式"按钮 定义格式，弹出"物料清单：定义格式"对话框，选择哪些项目名称需要显示，即定义显示属性（图 9-37中标记处）。按住<Ctrl>键，并在"物料清单的属性"区域下的"显示的属性"中依次选中"类型""术语""版本"项目名称，然后单击"隐藏所有属性"按钮 》，将这些属性移到"隐藏的属性"中；再按住<Ctrl>键，在"隐藏的属性"中依次选中"代号""材料""名称"和"备注"选项，然后单击"显示所有属性"按钮 《，将这些属性移到"显示的属性"中，如图 9-38 所示。

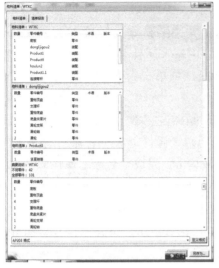

图 9-36　"物料清单：WTXC"对话框　　　　　图 9-37　"物料清单：定义格式"对话框

2. 列表重新排序

在材料清单中，刚开始所设置的材料清单列表的项目排序可能并不是要求的物料清单表格清单顺序，这就要求对材料清单列表的排序进行修改。

下面接着上面的例子来介绍在物料清单中更改列表顺序的一般操作步骤（将列表顺序修改为代号、名称、数量、材料、备注）：在"物料清单：定义格式"对话框中，选择"显示的属性"中的"代号"选项，单击"更换顺序"按钮 ，然后选择"显示的属性"中的"数量"选项，将"代号"项放置在"数量"项之前。按照相同的方法可将列表顺序调整好，如图 9-39 所示。

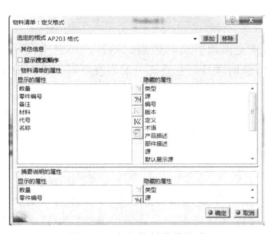

图 9-38　定义物料清单格式　　　　　　　　图 9-39　物料清单列表排序

9.3.4　插入物料清单

上述步骤完成后，就可以在工程图中插入物料清单，即明细栏。

1）切换到装配图的工程制图工作台并更新当前页。

2）选择下拉菜单栏中的"插入"|"生成"|"物料清单"|"物料清单"。

3）放置物料清单。单击工程图中的空白处，以放置物料清单。物料清单一共有多份表格，包含了整个无碳小车装配体一级子装配和各个子装配的详细零件列表以及所有零件的详细列表，对于工程图的明细栏只需要显示最后一张所有零件的物料清单，因此将之前几份表格隐藏（因为前几份物料清单与最后一份所有零件的物料清单是父子关系，所以如果删除，则最后一份表格也会被删除，因此将表格隐藏）。自动生成的物料清单，编号顺序需要进行调整，双击物料清单，在需要插入行的零件序号右击，在弹出的快捷菜单中选择"插入行"，输入内容，完成序号顺序的排列（图9-40），并且右击表头弹出图9-41所示的快捷菜单，选择"反转行"，使明细栏的序号成倒序，以符合国标。然后对于明细栏中的一些信息进行添加修改，编辑物料清单的格式、字体等，完成物料清单，如图9-42所示。

最终完成的无碳小车装配图如图9-64所示。

全部零件：	106				
编号	名称	代号	材料	数量	备注
4	万向节	WTXC-4	2A12	2	
5	M3×6	WTXC-5		1	
6	单轮摇杆	WTXC-6	45钢	1	
7	单轮轴承座	WTXC-7	45钢	1	
8	单轮竖轴	WTXC-8	45钢	1	
9	M3×20	WTXC-9		1	
10	Φ13轴承	WTXC-10		7	
11	单轮下架	WTXC-11	2A12	1	
12	单轮上架	WTXC-12	2A12	1	
13	单轮轴	WTXC-13	45钢	1	
14	单轮	WTXC-14	2A12	1	
15	M4螺栓	WTXC-15		6	
16	M3×10	WTXC-16		6	
1	底板	WTXC-1	2A12	1	
17	连接螺钉	WTXC-17	45钢	1	
18	球头	WTXC-18	45钢	2	
19	连杆3	WTXC-19	45钢	1	
20	连杆弹簧	WTXC-20		1	

图9-40 插入行

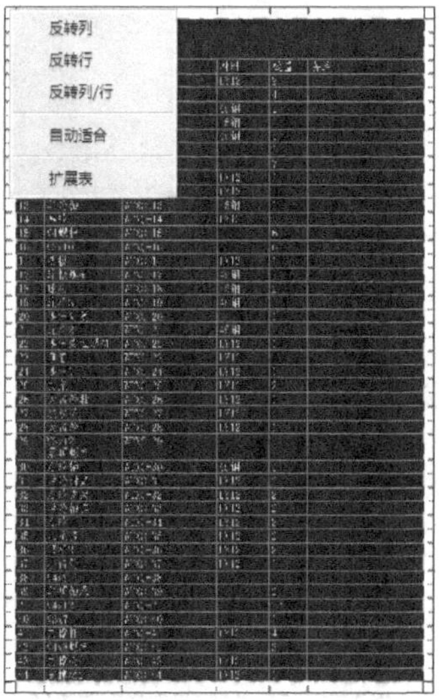

图9-41 反转行

18	球头	WTXC-18	45钢	2	外购
17	连接螺钉	WTXC-17	45钢		
16	M3×10	WTXC-16		6	
15	M4螺栓	WTXC-15		6	
14	单轮	WTXC-14	2A12		
13	单轮轴	WTXC-13	45钢		
12	单轮上架	WTXC-12	2A12		
11	单轮下架	WTXC-11	2A12		
10	Φ13轴承	WTXC-10		7	外购
9	M3×20	WTXC-9			
8	单轮竖轴	WTXC-8	45钢		
7	单轮轴承座	WTXC-7	45钢		外购
6	单轮摇杆	WTXC-6	45钢		
5	M3×6	WTXC-5		1	
4	万向节	WTXC-4	2A12	2	
3	M4×10紧固螺栓	WTXC-3		12	
2	M4×12	WTXC-2		8	
1	底板	WTXC-1	2A12	1	
编号	名称	代号	材料	数量	备注

全部零件：106
不同零件：48
摘要说明：Product1

图9-42 物料清单

9.4 装配爆炸图

装配爆炸图是立体装配示意图。国家标准规定，要求工业产品的使用说明书中的产品结构优先采用立体图示，也就是立体装配示意图，它能清楚地表达装配体中所有部件的组成和各个部件之间的相互关系。有了爆炸图，加工操作人员可以一目了然，而不再像以前一样看清楚装配图也要花上半天的时间，因此爆炸图是装配工程图的重要补充。本节介绍无碳小车装配爆炸图的创建过程。

在绘制装配爆炸图时，可以使用不同的场景进行投射，得到不同的效果，而不影响装配结构。

1）创建场景：打开无碳小车装配图，选择菜单栏中的"插入"|"创建增强型场景"，弹出"增强型场景"对话框（图 9-43），有两种"过载模式"：

① 全部模式：创建全部模式的场景后，所有的属性都被认为是"过载"，对装配的任何后续修改都不会对场景产生影响，而且场景里面的修改也不会影响装配体。

② 部分模式：属性不被认为是"过载"，装配体的修改会对场景里的未"过载"属性产生影响，而场景里的修改不会对装配产生影响，但是一旦修改后，这些属性将变为"过载"。

这两种模式可根据实际情况选择，本文选择"部分"模式，单击"确定"按钮，进入新场景模式。

2）单击"增强型场景"工具条中的"分解"图标 来实现分解装配图，弹出"分解"对话框（图 9-44），单击"确定"按钮，完成装配图分解，如图 9-45 所示。

图 9-43 "增强型场景"对话框

图 9-44 "分解"对话框

3）分解的效果杂乱且分散，因此在场景里可使用指南针拖动零部件至合适的位置，如图 9-46 所示。

4）单击"增强型场景中"工具条中的"在装配中应用场景"图标，然后单击"退出场景"图标，退出场景。

5）新建爆炸图的工程图，图纸图幅为 A0，图框和标题栏选择国家标准（GB），方法同9.2 节中的步骤 1 所述。

6）创建主视图：选择菜单栏中的"插入"|"视图"|"投影"|"正视图"，切换到三维装

配图窗口，选取 *XY* 平面作为投影平面，系统返回到工程图窗口。利用方向控制器调整投射方向，单击图纸的适当位置，完成主视图的创建，如图 9-47 所示。

7）生成零件序号：在工程图窗口中单击菜单栏中的"插入"|"生成"|"零件序号生成"，在爆炸图中自动添加零件序号，拖动序号摆放至合理位置，至此装配爆炸示意图创建完成，如图 9-48 所示。

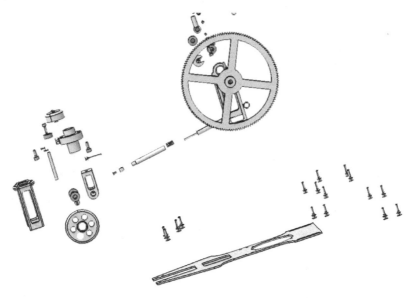

图 9-45　分解后场景

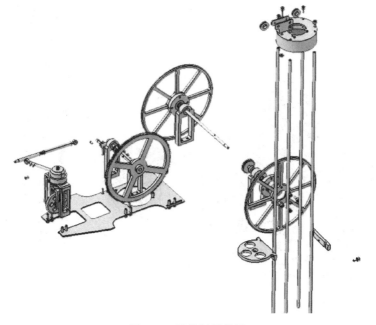

图 9-46　最终场景效果

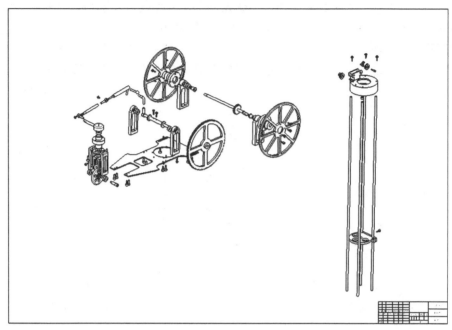

图 9-47　爆炸视图

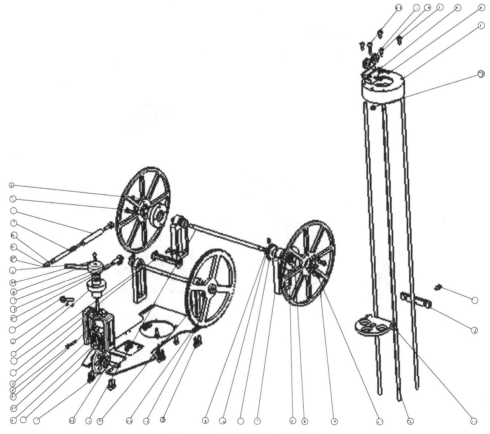

图 9-48　添加爆炸图零件序号

最终完成的无碳小车爆炸图如图9-65所示。

9.5 无碳小车总装图拆画

9.5.1 由装配图拆画零件图

由装配图拆画零件图，是将装配图中的非标准件从装配图中分离出来画成零件图的过程，这是设计工作中的一个重要环节。拆画零件图要求拆画人员必须在读懂装配图的基础上理解设计意图才能进行。

由装配图拆画零件图要完成以下几个部分：

1. 对零件表达方案的处理

装配图的表达方案主要是表达装配关系、工作原理和装配体的总体情况来考虑的，因此拆画零件图时应根据所拆画零件的内外形状及复杂程度来选择表达方案，而不能简单地照抄装配图中的零件表达方案。对于装配图中没有表达完全的零件结构，在拆画零件图时，应根据零件的功用及零件结构知识加以补充和完善，并在零件图中完整清晰地表达出来。对于装配图中省略的工艺结构，如倒角、退刀槽等，也应根据工艺需要在零件图上表示清楚。

2. 对尺寸的处理

零件图上的尺寸应根据装配图来决定，其处理方法一般有：

（1）抄注 在装配图中已标注出来的尺寸，往往是较重要的尺寸。这些尺寸一般都是装配体设计的依据，自然也是零件设计的依据。在拆画其零件图时，这些尺寸不能随意变动，要完全照抄。对于配合尺寸，就应根据其配合代号，查出偏差数值，标注在零件图上。

（2）查找 螺栓、螺柱、键、销等其规格尺寸和标准代号，一般在明细栏中已列出，其详细尺寸可从相关标准中查询得到。螺孔直径、深度、键槽、销孔等尺寸，应根据与其配合的标准件尺寸来确定。

（3）计算 某些尺寸数值，应根据装配图所给定的尺寸，通过计算确定。如齿轮轮齿部分的分度圆尺寸、齿顶圆尺寸等，应根据所给的模数、齿数及有关公式来计算。

（4）量取 在装配图上没有标注出的其他尺寸，可从装配图中用比例尺量得。量取时，一般取整数。

另外，在标注尺寸时应注意，有装配关系的尺寸应相互协调，如配合部分的轴、孔，其公称尺寸应相同。其他尺寸，也应相互适应，不能出现在零件装配时或运动时产生矛盾或干涉现象。在进行具体尺寸的标注时，也要注意基准的选择。

3. 对技术要求的处理

对零件的几何公差、表面粗糙度及其他技术要求，可根据装配体的实际情况及零件在装配体中的使用要求，用类比法参照同类产品的有关资料以及已有的生产经验进行综合确定。

拆画零件图，首先要读懂装配图，知道装配体的工作原理，了解零件在装配体中的作用；其次确定零件的投影轮廓、想象其形状，然后根据零件结构形状、选择表达方案，补画必要的视图、端面图，并按规定标注。具体步骤如下：

1）以工作原理为主线，在概括了解的基础上，根据零件编号，找到该零件。

2）利用各视图间的投影对应关系，剖面线方向和间隔，装配图的规定画法和特殊表达方法等，确定零件在各视图中的轮廓范围。

3）根据相配合零件的形状、尺寸符号确定零件的相关结构形状。根据截交线、相贯线的投影形状确定零件某些结构的形状。

4）完成图框选择，将标题栏信息补充完成，如图样名称、编号等。根据相接触零件的表面形状大致相同、多数零件结构对称以及标准件和常见结构的规定画法等帮助确定零件形状。

5）补全漏线和被省略的结构。

6）补全被其他零件遮挡的图线，或在装配图上被省略的结构，如倒角、圆角、退刀槽、中心孔等。

7）补画必要的视图。

8）最后，进行尺寸标注及技术要求的填写。

9.5.2 拆画零件案例

本案例通过无碳小车装配图拆画底板来了解装配图拆画零件图的过程。

无碳小车由重力驱动机构、后轮机构、主动齿轮机构、连接杆机构和单轮机构组成。重力驱动机构是将重力势能转化为动能的机构，主动齿轮机构是动力机构，重锤下落可带动主动齿轮机构的绕线轮转动，从而将势能转化为动能，又通过主动齿轮将动力传递到后轮上，从而实现小车前行，因此后轮机构是实现小车前行的机构；连接杆机构是用于连接主动齿轮机构和单轮机构的，主动齿轮机构的圆周转动通过连接杆机构和单轮机构的单轮摇杆前后摆动，可实现单轮左右转动，从而实现周期性转向，因此单轮机构是实现小车以"S"形行走的机构。无碳小车底板属于板类零件，在无碳小车中是安装的基准，支承着上述五个机构，底板上有诸多通孔，是各机构支架的安装位置，有一定的精度要求。其具体步骤如下：

1）新建图纸：单击"新建图纸"图标 ，并将图纸默认名称改为"底板"，如图9-49所示。

2）选择图框：选择菜单栏中的"编辑"|"图纸背景"，进入"图纸背景"界面，选择菜单栏中的"插入"|"工程图"|"框架和标题节点插入"，弹出"管理框架和标题块"对话框（图9-50），选择"GB_Titleblock1"模板，单击"应用"按钮完成图框选择，将标题栏信息补充完成，如名称、编号、零件材料、数量等信息，然后选择菜单栏中的"编辑"|"工作视图"回到工作视图中。

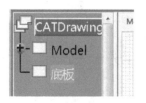

图9-49 底板图纸建立　　　　　　　图9-50 "管理框架和标题块"对话框

3）由装配图可知 1 号零件是底板，根据装配图确定底板的外形轮廓，将底板外形轮廓复制下来，底板为对称图形，因此只要复制一半（图 9-51a），然后单击"对称"图标 ，选中如图 9-51 中所示的对称中心线，完成底板主视图轮廓（图 9-51b）。

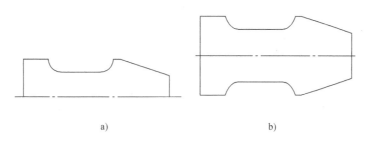

a)   b)

图 9-51　绘制底板轮廓

a）一半轮廓　b）对称复制

4）由装配图可知，底板上还有很多安装螺栓的孔的位置需要确定，如安装重锤支承、绕线轮支架和单轮支架的孔，根据仰视图可以确定各内孔中心位置，可通过复制和移动装配图中的圆孔位置来完成，单击"轴和螺纹"工具条下的"中心线"图标 ，选择其中一个圆孔，为圆孔添加中心线，重复操作将所有圆孔中心线添加完毕，因复制的圆孔是

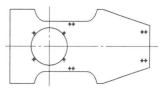

图 9-52　绘制螺纹孔

螺栓的头部直径，并非底板的圆孔大小，因此需要绘制底板上的圆孔，该圆孔用于安装 M4螺栓，因此将内孔直径设置为 4.1mm，保证螺栓可靠穿过即可。单击"几何图形创建"工具条下的"圆"图标 ，选中圆孔，添加孔，删除原来的孔，如图 9-52 所示。

5）补全底板上的减重图形和后轮支架的 U 形槽，可通过复制、粘贴、移动来完成，如图 9-53 所示。

6）补全装配图上省略的倒角结构：单击"几何图形修改"工具条下的"圆角"图标 ，弹出圆角的"工具控制板"工具条（图 9-54），选择第一种"修剪所有元素"的倒圆角类型，单击主视图中需要倒圆角的两条边，修改半径尺寸为 3mm，则倒圆角结构尺寸添加结束。按照同样的步骤将其余的省略倒角补充好。

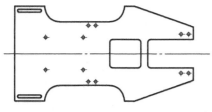

图 9-53　补全减重图形和 U 形槽

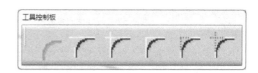

图 9-54　工具控制板

7）从装配图中测量得出底板厚度为 2mm，底板主视图已将图形表达清楚，再选择一个左视图表达底板厚度即可。

8）标注尺寸：将底板的外形尺寸、位置尺寸等标注完成，水平、垂直、角度标注不再赘述，在零件工程图中有多个相同尺寸的元素，标注其中一个，在尺寸文本前加上数量即可，以底板方形镂空孔的四个圆角标注为例，单击"尺寸"工具条下的"半径尺寸"图标 ，单击正视图中底板的矩形镂空圆角处，标注圆弧尺寸，右击该尺寸，在弹出的快捷菜单中选择"属性"，弹出"属性"对话框（图9-55），单击"尺寸文本"选项卡，在"前缀·后缀"下的文本框中"R"前输入"4×"，单击"应用"按钮，则尺寸标注变为如图9-56所示，单击"关闭"按钮。最终尺寸标注完成，如图9-57所示。

图9-55 "属性"对话框

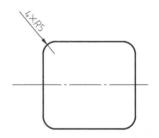

图9-56 圆角个数标注

9）添加尺寸公差、表面粗糙度等技术要求。

① 底板在无碳小车中是安装的基准，支承着连杆机构以及齿轮传动等零部件，因此对平面度有一定的要求，需要标注平面度。单击"公差"工具条下的"形位公差"图标 后，单击左视图平面位置，弹出"形位公差"对话框（图9-58），在"公差"选项中选择"平面度"图标 ，并在后面输入平面度要求的数值：0.1，单击"确定"按钮，完成标注，如图9-59所示。

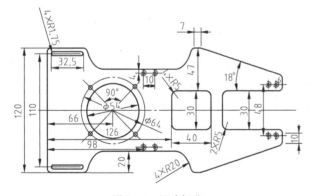

图9-57 尺寸标注

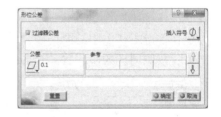

图9-58 "形位公差"对话框

② 添加表面粗糙度：单击"符号"工具条下的"表面粗糙度"图标 ，单击图纸右上角，弹出"粗糙度符号"对话框（图9-60），选择"▽"，粗糙度类型为 Ra，输入值：1.6，单击"确定"按钮，则表面粗糙度标注完成。

③ 添加技术要求：单击"文本"工具条下的"文本"图标 T，单击图纸上合适的位置，弹出"文本编辑器"对话框，输入技术要求的文字（图9-61），如果需修改文字大小和类型，则使用"文本属性"工具条（图9-62）进行修改。

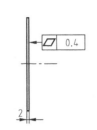

图 9-59 平面度的标注

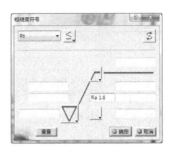

图 9-60 表面粗糙度的标注

图 9-61 "文本编辑器"对话框

图 9-62 文本属性工具条

最终拆画完成的底板工程图如图 9-63 所示。

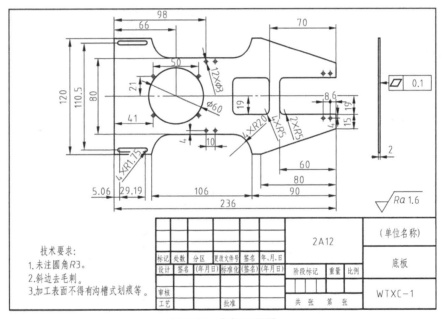

图 9-63 底板工程图

9.5.3 拆画注意事项

拆画零件视图时要注意的事项如下（装配图如图 9-64 所示，爆炸图如图 9-65 所示）：

1) 由总装图拆画零件图的顺序：先内后外，先复杂后简单，先成形零件后结构零件。

2) 复制、移动操作时要注意保持位置关系。

3) 零件的视图表达方案应根据零件的结构形状确定，不能盲目照抄装配图。

4) 轴盘类零件一般按加工位置选择主视图（轴线横放），从装配图上拆画下来后可能

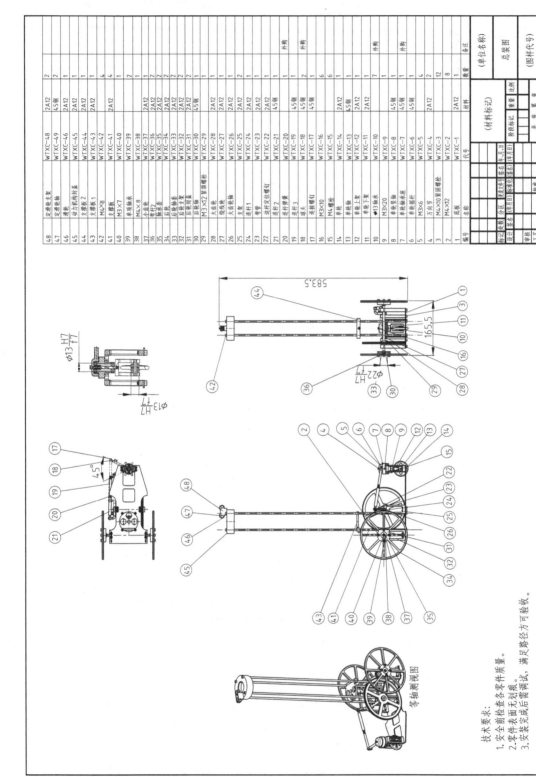

序号	名称	代号	材料	数量	备注
48	定滑轮支架	WTXC-48	2A12	2	
47	定滑轮轴	WTXC-49	45钢	2	
46	滑轮	WTXC-46	2A12	1	
45	动力机构托盘	WTXC-45	2A12	1	
44	支撑板2	WTXC-44	2A12	1	
43	支撑板1	WTXC-43	2A12	1	
42	支撑柱	WTXC-42	2A12	4	
41	M4×8	WTXC-41		4	
40	M3×7	WTXC-40	2A12	1	
39	串项轴承	WTXC-39	45钢	1	
38	M4×8	WTXC-38		1	
37	小齿轮	WTXC-37	2A12	2	
36	绕线轮	WTXC-36	2A12	2	
35	大齿轮轴	WTXC-35	2A12	2	
34	支架	WTXC-34	2A12	2	
33	后轮支架	WTXC-33	2A12	2	
32	后轴背翼	WTXC-32	2A12	2	
31	后轮轴座	WTXC-31	2A12	1	
30	串轴轴座	WTXC-30	45钢	1	
29	M3×12紧固螺栓	WTXC-29		1	
28	大齿轮	WTXC-28	2A12	1	
27	绕线轮2	WTXC-27	2A12	1	
26	大齿轮轴	WTXC-26	2A12	1	
25	支架	WTXC-25	2A12	2	
24	连杆1	WTXC-24	2A12	1	
23	弯管	WTXC-23	45钢	1	
22	连杆定位螺钉	WTXC-22	2A12	1	
21	连杆2	WTXC-21	45钢	1	
20	连杆弹簧	WTXC-20	45钢	1	
19	连杆3	WTXC-19	45钢	1	外购
18	连接螺钉	WTXC-18	45钢	2	
17	M3×10	WTXC-17	45钢	1	
16	M3×6	WTXC-16		6	
15	M4螺栓	WTXC-15		6	
14	串轮	WTXC-14	2A12	1	外购
13	串轮座	WTXC-13	45钢	1	
12	串轮上架	WTXC-12	2A12	1	
11	串轮下架	WTXC-11	2A12	1	
10	φ13轴承	WTXC-10		7	外购
9	M3×20	WTXC-9		1	
8	串轮挡圈	WTXC-8	45钢	1	
7	串轮轴底座	WTXC-7	45钢	1	外购
6	串轮撑杆	WTXC-6	45钢	2	
5	M3×6	WTXC-5		4	
4	方向盘	WTXC-4	2A12	2	
3	M4×10紧固螺栓	WTXC-3		12	
2	M4×12	WTXC-2	2A12	8	
1	底板	WTXC-1	2A12	1	

技术要求:
1. 安全前检查各零件质量。
2. 零件表面无划痕。
3. 安装完成后需调试, 满足邦径方可验收。

图 9-64 无碳小车装配图

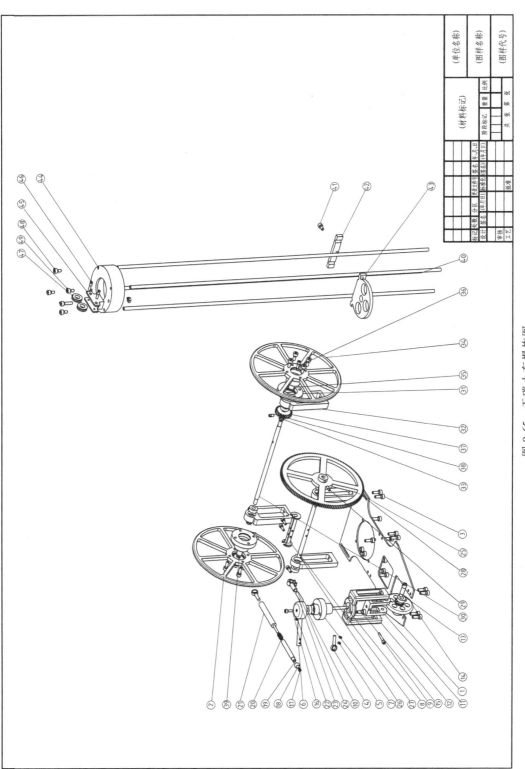

图 9-65　无碳小车爆炸图

需要旋转 90°。支架类和箱体类零件一般按工作位置选择主视图，装配图上的位置基本能满足要求。

5）在装配图中允许不画的零件工艺结构，如倒角、圆角、退刀槽等，在零件图中应全部画出。

6）标注尺寸要齐全。装配图中已标注的尺寸是设计时确定的重要尺寸，不应随意改动。其余尺寸在图上按比例直接量取。对于标准结构或配合尺寸，如螺纹、倒角、退刀槽等要查标准后标出。

7）根据该零件在装配体机器中的功用，与其他零件的相互关系，并结合相关知识标注表面粗糙度、公差配合、几何公差等技术要求。

8）完成视图和想象零件结构形状需要同时进行。

习 题

第1部分 工程图基本知识

第1章 工程制图基本知识

习 题

专业		学号		姓名		成绩	

一、填空题（每空 1 分，共 12 分）

1. 常用图纸幅面按尺寸大小可分为五种，代号分别为 _____、_____、_____、_____、_____。

2. 图纸上必须用_____画出图框。

3. _____是为了反映某一对象相对基准或者多个对象相互之间所处位置。

4. _____是根据零件在_____、_____和检验等方面的要求所选定的基准，又可分为_____和_____。

二、判断题（每题 5 分，共 20 分）

1. 剖切面后方的可见部分并不用全部画出。（   ）

2. 轴、杆类较长的机件，当沿长度方向形状相同或按一定规律变化时，允许断开画出。（   ）

3. 当被剖结构为回转体时，不允许将其中心线作为局部剖的分界线。（   ）

4. 设计基准是根据零件的结构特点及设计要求所选定的基准。（   ）

三、多选题（每题 5 分，共 20 分）

1. 基本视图包括以下哪几种？（   ）
A. 主视图　　　　B. 后视图　　　　C. 左视图　　　　D. 前视图

2. 剖视图可分为以下哪几类？（   ）
A. 全剖视图　　B. 半剖视图　　C. 局部剖视图　　D. 旋转剖视图

3. 假想用剖切面将物体的某处切断，只画出该剖切面与物体接触部分（剖面区域）的图形称为（   ）
A. 折断视图　　B. 向视图　　　C. 断面图　　　　D. 局部视图

4. 当机件上部分结构的图形过小时，可以采用以下哪种视图画出？（   ）
A. 剖视图　　　B. 折断视图　　C. 向视图　　　　D. 局部放大视图

四、简答题（每题 24 分，共 48 分）

    1. 简述剖视图的定义及其注意事项。

    答：

    2. 简述几何公差和尺寸公差的定义。

    答：

第 2 章 CATIA 软件与工程制图基础

习　题

专业		学号		姓名		成绩	

一、标题栏操作题（50 分）

按下图要求绘制标准图框及标题栏。

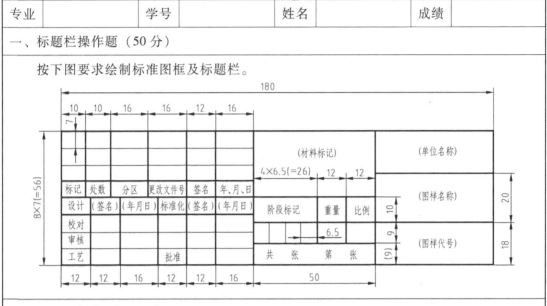

二、工程图操作题（50 分）

创建下列视图并标注尺寸。

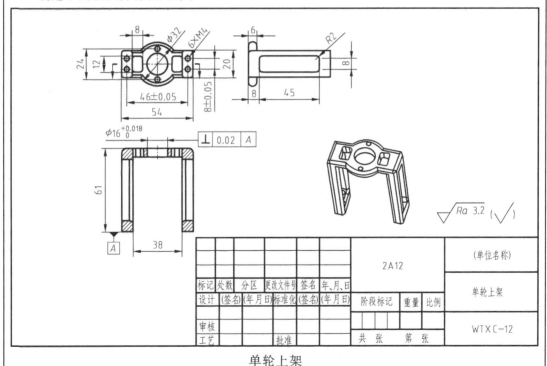

单轮上架

第2部分 零件工程图

第3章 零件图基本知识

习　题

专业		学号		姓名		成绩	

一、填空题（每空1分，共30分）

1. 零件图的基本内容包括：_____、_____、_____。

2. 根据零件的结构特点可将其分为四类：轴套类、_____、_____、_____。

3. 选择零件图的主视图考虑的原则是_____和合理位置原则，其中合理位置原则有_____和_____。

4. 尺寸标注的形式有_____、_____和_____。

5. 零件图上合理标注尺寸的原则：①零件上的_____必须直接注出；②避免出现_____；③标注尺寸要便于加工与_____等。

6. 零件图的技术要求包括_____、_____、_____、_____等。

7. 零件表面粗糙度的特性参数 Ra 和 Rz 分别是_____、_____。

8. 配合就是公称尺寸相同的、相互装配的孔和轴公差带之间的关系，配合有_____、_____和_____三种。

9. 形状公差有_____、_____、_____等。位置公差有_____、_____、_____等。

二、单选题（每题3分，共15分）

1. 在进行尺寸标注时，常常使用一些符号和缩写词，下列缩写词表示均布的是（　　）。

A. EQS　　　　　　　　B. QSE　　　　　　　　C. SQE

2. 下图中阶梯孔的标注哪个正确（　　）。

3. 表面粗糙度符号 $\overset{c}{\underset{e\ d\ b}{\diagup a}}$ 中的 c 位置应该注写（　　）。

A. 表面结构的单一要求　　　B. 注写加工方法　　　C. 注写表面纹理和方向

4. $\sqrt{}^{Ra\,0.8}$ 表示（　　）。

A. 用去除材料方法获得的表面粗糙度，单向上限值，Ra 值为 $0.8\mu m$，16%规则

B. 用不去除材料方法获得的表面粗糙度，双向上限值，Ra 值为 $0.8\mu m$，16%规则

C. 用去除材料方法获得的表面粗糙度，单向上限值，Ra 值为 $0.8\mu m$，最大值规则

5. 配合公差 H8/f7 是 (　　)。

A. 基轴制、间隙配合　　　　B. 基孔制、间隙配合　　　C. 基孔制、过盈配合

三、简答题（除已注明分值外，其余每空 1.5 分，共 55 分）

1. 读端盖零件图

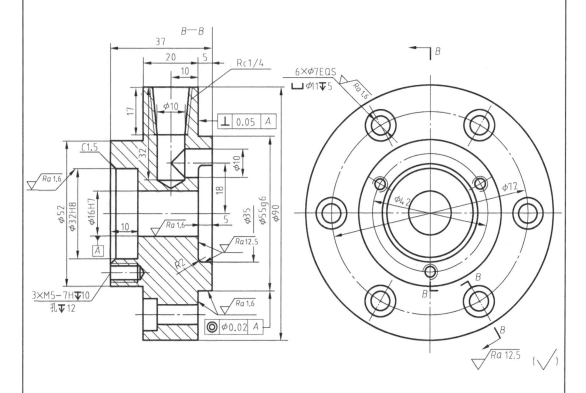

1) 主视图采用了_____剖视图。

2) 用指引线和文字在图上注明轴向尺寸和径向尺寸主要基准。（2 分）

3) 右端面上 $\phi10$ 圆柱孔的定位尺寸为_____。

4) $\dfrac{3\times M5-7H\downarrow10}{孔\downarrow12}$ 表示_____个_____孔，大径为_____，公差代号为_____，螺纹孔深_____，钻孔深_____。

5) $\dfrac{6\times\phi7EQS}{\sqcup\,\phi11\downarrow5}$ 表示_____个_____孔，沉孔直径_____，沉孔深_____。

6) $\phi16H7$ 是基_____制的_____孔，公差等级为_____级。

7) $\boxed{\perp\,|\,0.05\,|\,A}$ 的含义：表示基准要素为_____尺寸的轴线，公差项目为_____，公差值为_____。

2. 读轴零件图

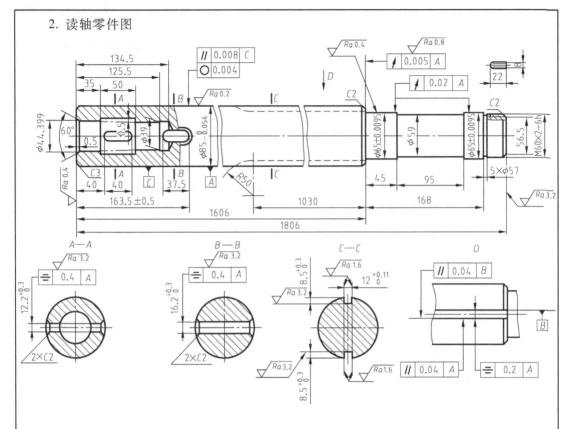

1）轴零件图采用了哪些表达方法，各视图的表达重点是什么？（3分）

2）A—A、B—B、C—C移出断面的剖切符号为什么不用箭头？主视图中右端螺纹处的止动垫圈槽的局部视图为何不加标注？（3分）

3）主视图和C—C断面图是否已表达了键槽的结构形状？采用D向视图的目的何在？（3分）

4）在图中指出主轴长度方向主要尺寸基准。（2分）

5）解释 M60×2-6h 的意义＿＿＿＿＿＿＿＿＿＿＿＿＿＿＿＿＿＿＿。

6）主视图中的下列尺寸属于哪种类型尺寸（定形、定位）？

163.5±0.5 ＿＿＿＿＿＿；37.5 ＿＿＿＿＿＿；45 ＿＿＿＿＿＿；168 ＿＿＿＿＿＿。

7）解释 φ65±0.0095 的意义＿＿＿＿＿＿＿＿＿＿＿＿＿＿＿＿＿＿＿＿＿＿＿＿＿＿＿＿＿＿。

查出其公差带代号为＿＿＿＿＿＿。

8）⌀ | 0.005 | A | 和 ∥ | 0.008 | C | 几何公差的意义分别为＿＿＿＿＿＿和＿＿＿＿＿＿。

9）图中的几种表面粗糙度要求从高到低排列次序为＿＿＿＿＿＿＿＿＿＿＿＿＿＿＿＿＿＿＿＿＿＿

＿＿＿＿＿＿＿＿＿＿＿＿＿＿＿＿＿＿＿＿＿＿＿＿＿＿＿＿＿。

第4章　标准件和常用件知识

习　题

专业		学号		姓名		成绩	

一、填空题（每空 2 分，共 20 分）

1. 在投影为圆的视图上，表示牙底的细实线圆只画_____圈。

2. M20×2-5g6g-S-LH 表示细牙普通螺纹，大径为 20mm，螺距为____，中径公差带代号为_____，顶径公差带代号为_____，旋合长度为短旋合，____旋。

3. _____通常用于两轴相交之间的传动，而_____用于两轴交错之间的传动。

4. 常用的齿轮轮齿的齿廓曲线是_____。

5. 齿轮传动可以改变_____和_____。

二、判断题（每题 3 分，共 15 分）

1. 管螺纹的标注中，特征代号标注在尺寸代号之后。（　　）

2. 螺纹终止线用粗实线表示。（　　）

3. 左旋弹簧可以画成右旋，但要加注"左"字。（　　）

4. 齿轮的齿顶高等于齿根高。（　　）

5. 一般情况下蜗杆可以驱动蜗轮进行传动，而蜗轮不能反向驱动蜗杆旋转。（　　）

三、多选题（每题 3 分，共 15 分）

1. 常用的标准螺纹有（　　）。
A. 普通螺纹　　　　B. 管螺纹　　　　C. 梯形螺纹　　　　D. 锯齿形螺纹

2. 内外螺纹旋合时需要的元素有（　　）。
A. 牙型　　　　　　B. 旋向　　　　　C. 线数　　　　　　D. 螺距

3. 圆柱螺旋弹簧根据其受力方向的不同，可以分为（　　）。
A. 扭转弹簧　　　　B. 拉伸弹簧　　　C. 涡卷弹簧　　　　D. 压缩弹簧

4. 绘制齿轮时必须要画上（　　）。
A. 分度圆　　　　　B. 齿根圆　　　　C. 齿顶圆　　　　　D. 齿轮宽度

5. 直齿轮零件图右上角的基本参数表格里有哪些参数（　　）。
A. 模数　　　　　　B. 表面粗糙度　　C. 齿形角　　　　　D. 齿数

四、改错题（每题 25 分，共 50 分）

1. 将图中螺纹紧固件连接画法的错误圈出，做出分析并更改为正确画法。

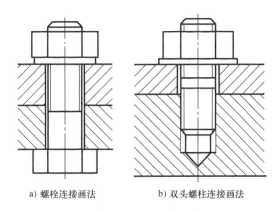

a) 螺栓连接画法   b) 双头螺柱连接画法

2. 将图中两齿轮啮合画法的错误圈出，做出分析并更改为正确画法。

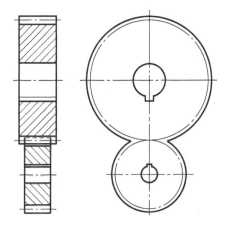

第 5 章　无碳小车典型零件三维建模

习　题

专业		学号		姓名		成绩	

一、填空题（每空 2 分，共 14 分）

1. _____是根据草图中创建的平面草图生成的实体特征。

2. 特征是构成_____的元素。

3. 凸台和凹槽有以下五种深度选项：_____、_____、_____、_____、和_____。

二、基本零件操作题（每题 23 分，共 46 分）

1. 按照螺纹连接杆的工程图，创建其三维模型。

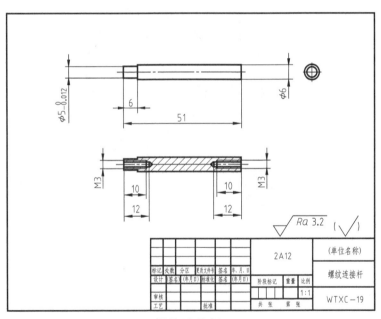

螺纹连接杆

2. 按照定滑轮的工程图，创建其三维模型。

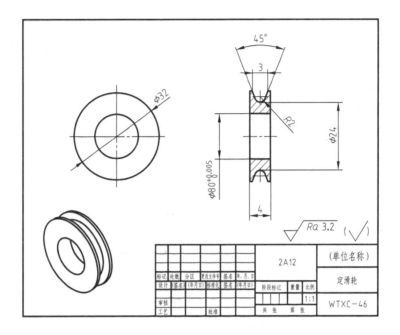

				2A12		（单位名称）
标记	处数	分区	更改文件号	签名	年，月，日	定滑轮
设计	（签名）	（年月日）	标准化	签名	（年月日）	
审核				阶段标记	重量	比例	
工艺			批准			1:1	WTXC-46
				共 张	第 张	

三、复杂零件操作题（40分）

按照壳体的工程图，创建其三维模型。

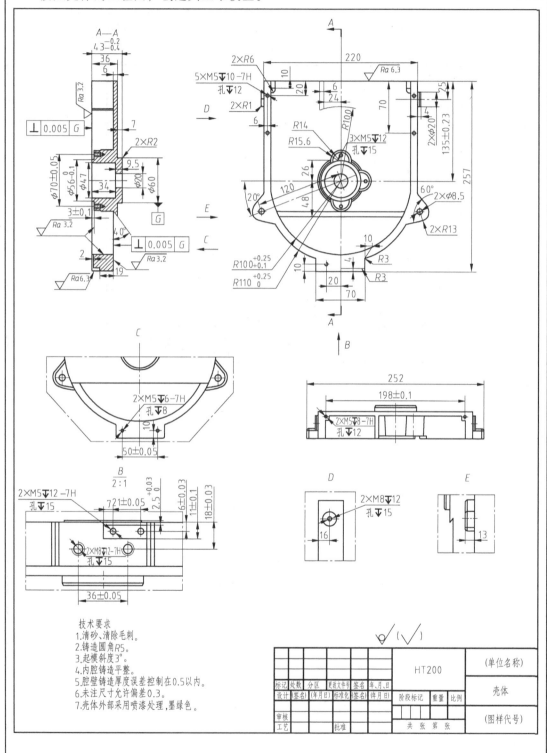

技术要求
1. 清砂、清除毛刺。
2. 铸造圆角R5。
3. 起模斜度3°。
4. 内腔铸造平整。
5. 腔壁铸造厚度误差控制在0.5以内。
6. 未注尺寸允许偏差0.3。
7. 壳体外部采用喷漆处理，墨绿色。

标记	处数	分区	更改文件号	签名	年、月、日		HT200		（单位名称）
设计	（签名）	(年月日)	标准化	（签名）	(年月日)	阶段标记	重量	比例	壳体
审核									
工艺			批准			共 张 第 张			（图样代号）

第6章 无碳小车零件工程图

习 题

专业		学号		姓名		成绩	

一、工程图绘制（每题 20 分，共 40 分）

1. 无碳小车后轮轴

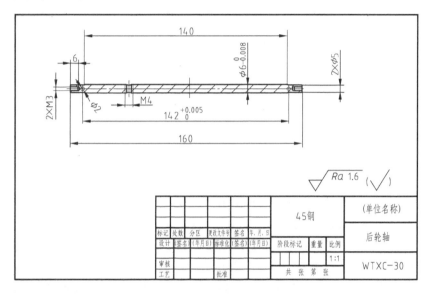

2. 无碳小车单轮下架

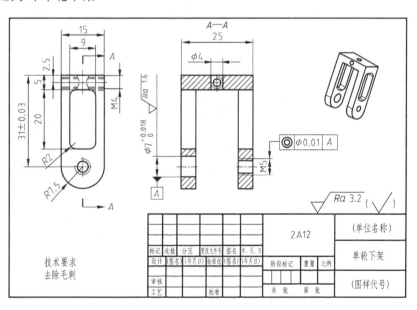

二、按要求绘制零件工程图（每题 30 分，共 60 分）

1. 打开下图所示无碳小车单轮轴承座模型，合理选择投影视图并根据下列要求绘制零件工程图：

单轮轴承座

1）必须有图框、标题栏、单位名称、零件名称、图号（自定）、材料（自定）、比例、设计人等相关内容。尺寸标注不能重复和缺失。

2）ϕ3 孔设置公差（上极限偏差为+0.018，下极限偏差为 0）。

3）ϕ3 的内孔表面粗糙度为 1.6μm，其余为 3.2μm。

4）标注几何公差，两端的 ϕ3 必须保证同心，同心度 0.02mm。

5）在技术要求内说明"未注倒角均为 C0.5mm，去毛刺"。

2. 打开下图所示后轮支架模型，合理选择投影视图并根据下列要求绘制零件工程图：

后轮支架

1）必须有图框、标题栏、单位名称、零件名称、图号（自定）、材料（自定）、比例、设计人等相关内容。尺寸标注不能重复和缺失。

2）ϕ13 孔设置公差（上极限偏差为+0.018，下极限偏差为 0）。

3）ϕ13 内孔表面粗糙度为 1.6μm，其余为 3.2μm。

4）底面两个螺纹孔中心距偏差为±0.05mm。

5）ϕ13 孔与支架底面的中心距离公差为±0.03mm。

6）标注几何公差，ϕ13 孔必须保证与支架底面的平行度为 0.02mm。

7）在技术要求内说明"未注倒角均为 C0.5mm，去毛刺，表面无划痕"。

第 3 部分　装配工程图

第 7 章　装配图基本知识

习　　题

专业		学号		姓名		成绩	

一、填空题（每空 2 分，共 30 分）

1. 装配图是表达机器、_____或组件的图样。

2. 装配图的内容包括_____、必要尺寸、_____、零件的序号、_____和标题栏。

3. 装配图的特殊画法有 _____、_____、沿接合面剖切画法、_____、_____和_____等。

4. 国家标准对装配图规定了以下画法：相邻两零件接触表面只画_____条线，不接触表面和非配合表面应画_____条线。

5. 在装配图中，一般只需标注以下类型的尺寸：_____、_____、_____、_____和其他重要尺寸。

二、判断题（每题 2 分，共 10 分）

1. 在装配图的规定画法中，相邻两零件接触表面应画两条线，不接触表面和非配合表面只画一条线。（　　　）

2. 装配图是反映设计思想、指导装配和使用机器以及进行技术交流的重要资料。（　　　）

3. 当需要表达运动零件的运动位置时，可采用双点画线画出该零件极限位置的投影。（　　　）

4. 当剖切平面通过螺钉、螺母、垫圈等连接件及实心件如轴、手柄、连杆、键、销、球等基体轴线时，这些零件均按剖切绘制。（　　　）

5. 产品的规格、性能尺寸是指该产品规格大小或工作性能的尺寸。（　　　）

三、多选题（每题 5 分，共 20 分）

    1. 装配图的特殊画法有（   ）。

    A. 假想画法   B. 拆卸画法   C. 夸大简化画法   D. 等比例画法

    2. 在简化画法中，对于装配图中若干相同的零件组，如螺纹连接件等可详细地画出一组，其余只需用（   ）表示出中心位置即可。

    A. 点画线   B. 细实线   C. 粗实线   D. 双点画线

    3. 装配图的尺寸标注有（   ）。

    A. 规格、性能尺寸   B. 装配尺寸   C. 安装尺寸   D. 外形尺寸

    4. 同一种零件或相同的标准组件在装配图上只编（   ）序号。

    A. 一个   B. 两个   C. 三个   D. 四个

四、简答题（每题 20 分，共 40 分）

    1. 简述装配图的作用。

    答：

    2. GB/T 4458.2—2003 对装配图中零、部件序号及其编排方法规定了哪些内容。

    答：

第 8 章　无碳小车三维装配

习　题

专业		学号		姓名		成绩	

一、填空题（每空 2 分，共 20 分）

1. 装配约束分为_____、_____、_____等。

2. 在 CATIA 装配过程中，零件间位置关系的确定主要通过添加____实现。

3. 指出以下图标的名称：_____、_____、_____、_____、_____、_____。

二、判断题（每题 2.5 分，共 10 分）

1. 装配设计过程中的接触约束分为点接触、线接触、面接触。（　　　）

2. 系统一次可添加多个约束，可以用一个"相合"约束将一个零件上两个不同的孔与装配体中的另一个零件上两个不同的孔对齐。（　　　）

3. 在装配设计时一般有两种基本方式：自底向上装配和自顶向下装配。（　　　）

4. CATIA 在装配时并没有零件库，所有标准零件都需要自己绘制添加。（　　　）

三、简答题（每题 15 分，共 30 分）

1. 请列出至少两种进入装配设计模块的方法。

2. 请概括完整的三维装配模型建立的过程。

四、实际操作题（第 1 题 15 分，第 2 题 25 分，共 40 分）

1. 通过图 1 所示的几个零件完成深沟球轴承的装配图，最终设计结果如图 2 所示，设计树和设计环境均已显示。

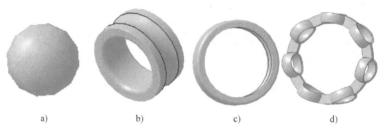

a) b) c) d)

图 1　深沟球轴承零件组成

a）滚珠　b）内圈　c）外圈　d）保持架

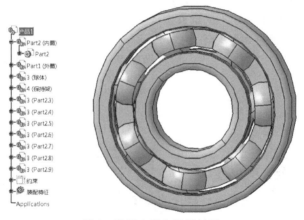

图 2　装配文档和设计结果

2. 根据无碳小车零件图完成无碳小车三维装配图。

第9章　无碳小车装配工程图

习　题

专业		学号		姓名		成绩	

一、填空题（每空 2 分，共 12 分）

　　1. 在装配工程图中，有些结构较长且无变化的零件，可以采用折断视图来反映零件的尺寸形状，可以节省图纸幅面，本书中无碳小车的_____部分可以采用此视图。

　　2. 由装配图拆画零件图要完成以下几个部分：_____、_____、_____。

　　3. CATIA 可以通过设置_____来更改物料清单列表的项目。

　　4. 在工程图模块中，导入装配图的立体视图用的是_____命令。

二、简答题（每题 9 分，共 18 分）

　　1. 简述 CATIA 装配工程图生成的基本流程。

　　2. 简述拆画零件视图时要注意的问题。

三、实际操作题（第 1 题 25 分，第 2 题 45 分，共 70 分）

　　1. 根据下图所示的哑铃三维装配示意图，完成装配工程图和爆炸视图，物料清单和零件编号需自行设置。

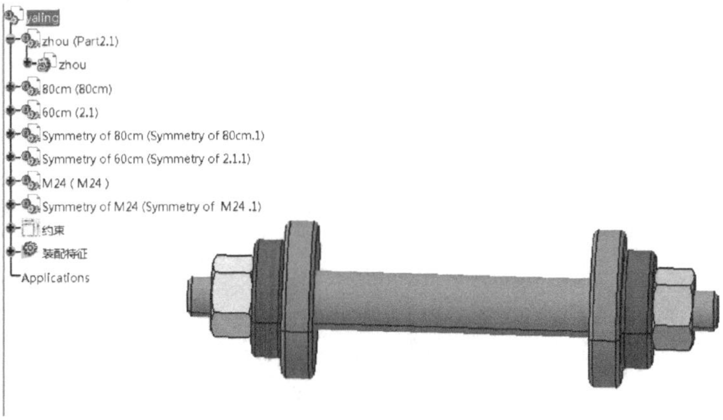

哑铃三维装配示意图

2. 根据无碳小车三维装配图完成装配工程图及装配爆炸图。

参 考 文 献

[1] 刘小年，杨月英. 机械制图 ［M］. 2 版. 北京：高等教育出版社，2007.

[2] 杨铭. 机械制图 ［M］. 2 版. 北京：机械工业出版社，2011.

[3] 张绍群，孙晓娟. 机械制图 ［M］. 北京：北京大学出版社，2007.

[4] 罗辉. 机械弹簧制造技术 ［M］. 北京：机械工业出版社，1987.

[5] 鄂中凯，等. 齿轮传动设计 ［M］. 北京：机械工业出版社，1985.

[6] 李长春. CATIA V5P3R17 应用与实例教程 ［M］. 北京：中国电力出版社，2008.

[7] 王槐德. 机械制图新旧标准代换教程 ［M］. 3 版. 北京：中国标准出版社，2017.

[8] 上海江达科技发展公司. CATIA V5 基础教程 ［M］. 3 版. 北京：机械工业出版社，2013.

[9] 詹熙达. CATIA V5R20 快速入门教程 ［M］. 修订版. 北京：机械工业出版社，2013.

[10] 许金科. 弹簧设计快速计算 ［M］. 北京：中国铁道出版社，1981.